Stöchiometrische Aufgabensammlung

von

Prof. Dr. Wilhelm Bahrdt †

und

Dipl.-Chem. Roderich Scheer

Mit den Ergebnissen

Zehnte, durchgesehene Auflage

Sammlung Göschen Band 452/452 a

Walter de Gruyter · Berlin · New York · 1972

vormals G. J. Göschen'sche Verlagshandlung · J. Guttentag, Verlagsbuchhandlung · Georg Reimer · Karl J. Trübner · Veit & Comp.

Satz und Druck: Mercedes-Druck, Berlin 61. – Printed in Germany.

ISBN 311 004053 0

Inhaltsverzeichnis

I. Aufgaben über Zerlegung und Zusammensetzung chemischer Verbindungen und über die Mengenverhältnisse aufeinander wirkender Stoffe

1. Wieviel g Sauerstoff und Quecksilber erhält man beim Erhitzen von 25 g Quecksilberoxid?

2. Wieviel g Sauerstoff werden beim Erhitzen von 10 g Kaliumchlorat erhalten?

3. Wieviel g Kaliumchlorat braucht man zur Darstellung von 12 g Sauerstoff?

4. Wieviel g Sauerstoff erhält man durch Glühen von 5 g reinem Bariumperoxid?

5. Wieviel g Phosphor sind mindestens nötig, um den Sauerstoff in einem 200 ccm Luft (23,2 Gew. $^0/_0$ O) fassenden Eudiometerrohr vollständig zu binden? 1 Liter Luft $\triangleq$ 1,293 g.

6. Wieviel g Wasserstoffperoxid treten in Reaktion bei der Oxydation von 10 g Bleisulfid zu Bleisulfat?

7. Wieviel g Bariumperoxid sind erforderlich, um 500 g einer 4prozentigen Wasserstoffperoxidlösung zu erhalten?

8. Wieviel g Salmiak sind zur Darstellung von 3 kg einer 30prozentigen Ammoniaklösung nötig?

9. Wieviel g Kalisalpeter und Schwefelsäure sind zur Darstellung von 125 g einer 60prozentigen Salpetersäure nötig?

10. Welches ist die prozentuale Zusammensetzung des Kalisalpeters und der Salpetersäure?

11. Wieviel g 70prozentige Salpetersäure erhält man aus 75 g Kalisalpeter?

12. Wieviel g Distickstoffoxid erhält man durch Erhitzen von 20 g Ammoniumnitrat?

13. Wieviel Prozent Natrium und Chlor sind im Kochsalz enthalten?

14. Wieviel kg einer 30prozentigen Salzsäure lassen sich aus einem Zentner Kochsalz herstellen?

15. Wieviel Gewichtsprozent Chlorwasserstoffgas sind in einer flüssigen Salzsäure enthalten, wenn bei ihrer Herstellung 1 Volumen Wasser das 450fache Gasvolumen absorbiert hat und 1 l Gas 1,63 g wiegt?

16. Wieviel g Kaliumbromid und Silbernitrat sind zur Darstellung von 12 g Silberbromid erforderlich?

17. Wieviel g Natriumbromid sind mit Mangandioxid und Schwefelsäure zu destillieren, um 10 g Brom zu erhalten?

18. Wieviel g Kaliumjodid erhält man durch Reduktion von 5 g Kaliumjodat mittels Kohle?

19. Wieviel Flußspatpulver und konzentrierte Schwefelsäure sind erforderlich zur Herstellung von 250 g einer 40% Fluorwasserstoff enthaltenden Flußsäure?

20. Wieviel kg Schwefel sind in 10 kg Schwefelkies enthalten, der 8% Gangart enthält?

21. Wieviel Prozent Schwefelsäure enthalten 27 g einer wässerigen Lösung, wenn man den nach Zusatz von Bariumchlorid gefällten weißen Niederschlag glüht und sein Gewicht zu 12 g findet?

22. Wieviel Prozent Schwefelsäure sind in 80 g einer verdünnten Schwefelsäure enthalten, die gerade 22 g Kupferoxid aufzulösen vermag?

23. Wieviel g Zinkpulver und wieviel g roten Phosphor muß man zusammen erhitzen, um 50 g Zinkphosphid zu erhalten?

24. Wieviel Prozent Phosphor und Wasserstoff enthält Phosphorwasserstoff?

25. Wieviel g Phosphor lassen sich aus 50 kg Knochen, die 58% normales Kalziumorthophosphat enthalten, darstellen?

26. Wieviel g Phosphor gewinnt man im elektrischen Ofen bei Anwesenheit von Quarzsand aus 30 kg Knochen, die 58% normales Kalziumorthophosphat enthalten?

27. Wieviel g Arsen erhält man aus 12 g Arsenikblüte durch Erhitzen mit Kohle?

28. Wieviel kg Antimon lassen sich aus 50 kg Grauspießglanzerz herstellen, welches 60% Sb_2S_3 enthält?

29. Wieviel Wismut erhält man durch Reduktion von 3 g Wismutoxid mittels Kohle?

30. In welcher prozentualen Zusammensetzung muß man Quarzsand und Kaliumkarbonat mischen, um das Kaliumsalz der Orthokieselsäure zu erhalten?

31. Wieviel g Borsäure gewinnt man durch Schwefelsäure aus der konzentrierten Lösung von 310 g Borax ($Na_2B_4O_7 \cdot 10\,H_2O$) und wieviel g Schwefelsäure sind zu verwenden?

32. Wieviel g Bortrioxid erhält man durch Glühen von 50 g Borsäure?

33. Wieviel Zinn erhält man aus 100 kg Bergzinn, das 3% Zinnstein enthält, wenn 5% Zinn bei der Aufbereitung verlorengehen?

34. Wieviel Zinn erhält man aus 100 kg Seifenzinn, das 80% Zinnstein enthält, und wieviel Kohle ist zur Reduktion mindestens erforderlich?

35. Wieviel g gepulverter Zinnstein und 90prozentiges Natriumhydroxid müssen zusammengeschmolzen werden, um 100 g kristallisiertes Natriumstannat $Na_2SnO_3 \cdot 3\,H_2O$ zu erhalten?

36. Wieviel Zinn und 30prozentige Salzsäure muß man zur Darstellung von 100 g kristallisiertem Zinn(II)-chlorid $SnCl_2 \cdot 2\,H_2O$ verwenden?

37. Man will eine Nährlösung herstellen, die pro Liter 0,5 g Salze enthalten soll, und zwar 20,38% Kaliumchlorid; 17,10% Dikaliumphosphat; 44,86% Kalziumnitrat; 16,82% Magnesiumsulfat; 0,84% Eisenchlorid. Wieviel g sind von den einzelnen Salzen zu nehmen?

38. Wieviel g Kaliumsalze sind in einem Kubikmeter Holz vom spezifischen Gewicht 0,7 enthalten, wenn die Asche 2,5% der Gesamtmenge ausmacht und 20% der Aschensalze Kaliumsalze sind?

39. Wieviel kg Konversionssalpeter erhält man aus einer Tonne Chilesalpeter und wieviel Tonnen Kaliumchlorid sind hierzu erforderlich?

40. Wieviel Kaliumhydroxid erhält man aus 50 g einer 90% Kaliumkarbonat enthaltenden Pottasche?

41. Wieviel g Kalium lassen sich aus 80 g Kaliumchlorid gewinnen, wenn 15% verlorengehen?

42. Wieviel kg kristalliserte Soda erhält man nach dem Leblancschen Verfahren aus 100 kg Kochsalz?

43. Wieviel Prozent Natriumfluorid sind in 20 g wässeriger Lösung enthalten, wenn der durch Kalziumchlorid erhaltene getrocknete und geglühte Niederschlag 5,57 g wiegt?

44. Wieviel Prozent Kaliumkarbonat darf nach dem deutschen Arzneibuche Kaliumhydroxid enthalten, wenn 1 g desselben in Wasser gelöst nach Zusatz von 15 ccm Kalkwasser das höchstens 0,166% Kalziumhydroxid enthält, mit überschüssiger Salpetersäure keine Gasblasen entwickeln soll?

45. Wieviel Prozent Kaliumkarbonat ist in einer Pottasche enthalten, wenn 2,31 g derselben zur völligen Sättigung 2,00 ccm 25prozentige Salzsäure vom spezifischen Gewicht 1,124 brauchen?

46. Wieviel g Borax sind in einer wässrigen Lösung enthalten, wenn der durch Zusatz von Kalziumchloridlösung abgeschiedene Niederschlag von Kalziumtetraborat nach dem Glühen 12 g wiegt?

47. 35 g Strontiumsulfat werden mit Kohlepulver geglüht; mit wieviel g 30prozentiger Salzsäure muß man das erhaltene Sulfid behandeln, um daraus kristallisiertes Strontiumchlorid $SrCl_2 \cdot 6\,H_2O$ zu erhalten? Wieviel g erhält man?

48. Wieviel prozentig ist eine Schwefelsäure, von der 32 g mit einer Bariumchloridlösung einen weißen Niederschlag geben, der geglüht 11,43 g wiegt?

49. Wieviel prozentig ist eine Bariumhydroxidlösung, von der 25 g mit Natriumsulfat einen Niederschlag geben, der geglüht 1,089 g wiegt?

50. Wieviel g kristallisiertes Strontiumnitrat $Sr(NO_3)_2$ $5\,H_2O$ lassen sich aus 50 kg Strontianit mit einem Gehalt von 70% an Strontiumkarbonat herstellen und wieviel g Salpetersäure sind dabei nötig?

51. Durch Umsetzung von Kaliumjodid und Quecksilber(II)-chlorid entsteht Quecksilber(II)-jodid. Wieviel jener Verbindungen müssen zur Darstellung von 100 g dieses Jodids verwendet werden?

52. Wieviel Prozent Kohlenstoff, Wasserstoff und Sauerstoff sind im Rohrzucker enthalten?

53. Wie groß ist der Feingehalt einer aus Silber und Kupfer bestehenden Legierung, wenn 1,4 g derselben nach dem Auflösen in Salpetersäure und Fällen mit Salzsäure 1,6 g Silberchlorid geben?

54. Die Lösungen von 100 g kristallisiertem Bariumchlorid und 50 g Pottasche in je einem Liter Wasser werden miteinander gemischt. Welche Bestandteile enthält das Filtrat und der Niederschlag und in welchen Mengen?

55. Wieviel g Aluminiumpulver und Chromoxid braucht man zur Darstellung von 1 g Chrommetall und wieviel g kristallinen Korund Al_2O_3 erhält man hierbei?

56. Wieviel Prozent basisches Bleikarbonat $2\,PbCO_3 \cdot Pb(OH)_2$ enthält eine Bleiglätte, wenn 4,8350 g derselben nach dem Glühen 4,7893 g wiegen?

57. Wieviel Prozent Eisen sind enthalten a) im Magneteisen Fe_3O_4; b) im Eisenglanz und Roteisenerz Fe_2O_3; c) im Brauneisenstein $2\,Fe_2O_3 \cdot 3\,H_2O$; d) im Spateisenstein $FeCO_3$?

58. 1 g eines Präparats, das basisches Wismutgallat

$$C_6H_2(OH)_3CO_2 \cdot Bi(OH)_2$$

enthält, wird eingeäschert, der verbleibende gelbe Rückstand in Salpetersäure gelöst, die Lösung zur Trockene verdampft und nach abermaligem Glühen der Rückstand gewogen; man findet 0,52 g. Wieviel Prozent basisches Wismutgallat enthielt das Präparat?

59. Nach dem deutschen Arzneibuch sollen 0,3 g Quecksilbersalizylat $C_6H_4 <\substack{O \\ COO}> Hg$ nach Zusatz von Kochsalz und Lösung in siedendem Wasser beim Einleiten von Schwefelwasserstoff 0,2 g Quecksilbersulfid liefern. Wieviel Prozent Quecksilber soll das Präparat enthalten und wieviel Prozent würde die Formel desselben ergeben?

60. Wieviel g Eisen enthalten 100 ccm Eisenalbuminatlösung, wenn 10 ccm derselben im Wasserbade eingedampft werden, der Rückstand mit Salpetersäure befeuchtet, dann geglüht und endlich sein Gewicht zu 0,054 g bestimmt wird?

61. In welchem Gewichtsverhältnis müssen zur Herstellung von Kaliseife Leinöl, das im wesentlichen aus dem Glyzerid der Leinölsäure $C_3H_5(C_{18}H_{29}O_2)_3$ besteht, und 12prozentige Kalilauge gemischt werden und welche Zusammensetzung hat die Seife?

62. Zur Darstellung von 100 g Azetaldehyd destilliert man ein Gemenge von Kalziumazetat und Kalziumformiat. Wieviel g muß man von beiden Stoffen nehmen?

63. Wieviel g 10prozentige Essigsäure erhält man aus 10 kg 80prozentigem Alkohol?

64. Wieviel g Diäthyläther lassen sich aus 50 g 86prozentigem Alkohol herstellen?

65. Wieviel Prozent Kohlenstoff und Wasserstoff enthalten die 5 ersten Glieder der Reihe der normalen Kohlenwasserstoffe von der Formel C_nH_{2n+2}?

66. Welches ist die prozentuale Zusammensetzung der 5 ersten Glieder der Reihe der Säuren von der Zusammensetzung $C_nH_{2n}O_2$?

67. Wieviel g Kohlenoxid und Kohlendioxid erhält man durch Einwirkung von Schwefelsäure auf 100 g kristallierte Oxalsäure?

68. Wieviel Kohlendioxid und wieviel Phenol entstehen beim Erhitzen von 3 g Salizylsäure?

69. Eine Lösung von 8 g Stärkezucker wird der Gärung überlassen. Wieviel Prozent Zucker sind in Alkohol verwandelt, wenn der Gewichtsverlust an Kohlendioxid 2,6 g beträgt?

70. Wieviel Prozent Kristallwasser enthält kristallisiertes Kupfervitriol $CuSO_4 \cdot 5\,H_2O$?

71. Wieviel Prozent Kristallwasser enthält kristallisierter Alaun $KAl(SO_4)_2 \cdot 12\,H_2O$?

72. Wieviel Prozent Kristallwasser enthält Chromkalium alaun?

73. Wieviel Prozent Kristallwasser enthält Dinatrium orthophosphat $Na_2HPO_4 \cdot 12\,H_2O$?

74. Wieviel Kristallwasser enthalten 12 g Ammoniumeisenalaun?

75. Welchen Gewichtsverlust erleiden 10 g Aluminiumsulfat $Al_2(SO_4)_3 \cdot 18\,H_2O$ beim Glühen?

76. Wieviel Prozent Kristallwasser enthält Eisenvitriol $FeSO_4 \cdot 7\,H_2O$?

77. Welche Formel kommt dem kristallisierten Natriumsulfat zu, wenn 20 g des Salzes beim Kalzinieren 11,12 g Gewichtsverlust erleiden?

78. Mit wieviel Molekeln Wasser kristallisiert Soda, wenn 10 g derselben beim Erhitzen 6,29 g Kristallwasser verlieren?

79. Mit wieviel Molekeln Wasser kristallisiert Bariumchlorid, wenn 5 g des Salzes nach dem Glühen einen Rückstand von 4,26 g geben?

80. Mit wieviel Molekeln Wasser kristallisiert Zinkvitriol, wenn er beim Erhitzen 43,8% Gewichtsverlust erleidet?

81. Mit wieviel Molekeln Wasser kristallisiert sekundäres Kalziumphosphat, wenn 1 g beim Glühen 0,74 g Kalziumpyrophosphat als Rückstand hinterläßt?

82. Wieviel Moleküle Kristallwasser enthält Chininsulfat $(C_{20}H_{24}N_2O_2)_2 H_2SO_4 + n H_2O$, wenn 1 g bei 100° getrocknet 0,16 g an Gewicht verliert?

83. Wieviel Moleküle Kristallwasser enthält getrocknetes Magnesiumsulfat, wenn 1,8430 g kristallisiertes Magnesiumsulfat $MgSO_4 \cdot 7 H_2O$ nach dem Erhitzen im Wasserbade noch 1,1612 g wiegen?

84. Welches ist die Formel für getrocknetes Natriumkarbonat, wenn 1 g desselben zur Neutralisation 16 ccm Normalsalzsäure erfordert?

II. Aufstellung der Formel einer Verbindung aus der prozentualen Zusammensetzung

85. Eine Säure des Arsens besteht aus 1,5% Wasserstoff, 56,4% Arsen und 42,1% Sauerstoff. Durch welche Formel läßt sich ihre Zusammensetzung ausdrücken?

86. Eine Verbindung enthält 45,9% Kalium, 16,5% Stickstoff und 37,6% Sauerstoff. Welche Formel kommt ihr zu?

87. Ein Salz enthält 35,0% Stickstoff, 5,0% Wasserstoff und 60,0% Sauerstoff. Welche Formel ergibt sich für die Verbindung?

88. Eine Verbindung enthält 59,9% Antimon und 40,1% Schwefel. Welches ist die Formel derselben?

89. Ein Salz enthält 43,8% Platin, 48,0% Chlor, 1,8% Wasserstoff und 6,4% Stickstoff. Welche Formel entspricht diesen Zahlen?

90. Durch welche Formeln läßt sich die Zusammensetzung von folgenden Mineralien ausdrücken?

a) Kupferglanz enthält 79,5% Cu und 20,5% S.
b) Magnetkies enthält 60,5% Fe und 39,5% S.
c) Kupferkies enthält 34,6% Cu; 30,5% Fe und den Rest S.
d) Buntkupfererz enthält 55,7% Cu; 16,3% Fe und 28,0% S.
e) Dunkles Rotgiltigerz enthält 60% Ag; 17,8% S und 22,2% Sb.
f) Kryolith enthält 32,9% Na; 12,9% Al und 54,2% F.
g) Atakamit enthält 64,7% Cu; 18,0% Cl; 16,3% O und 1,0% H.
h) Borazit enthält 19,0% Mg; 19,6% B; 53,4% O und 8% Cl.
i) Pyromorphit enthält 76,4% Pb; 6,9% P; 14,1% O und 2,62% Cl.
k) Orthoklas enthält 14,0% K; 9,7% Al; 30,5% Si; 45,8% O.
l) Leuzit enthält 17,8% K; 12,3% Al; 26,0% Si und 43,9% O.
m) Andalusit enthält 33,3% Al; 17,5% Si und 49,2% O.

91. Eine organische Verbindung besteht aus 8,6% Wasserstoff; 74,1% Kohlenstoff und 17,3% Stickstoff. Durch welche Formel läßt sie sich ausdrücken?

92. Welche Formel hat Kupferlasur, das 71,7% Kupferkarbonat und 28,3% Kupferhydroxid enthält?

93. Welche Formel hat eine Doppelverbindung, von der 8 g beim Glühen 3,46 g Kristallwasser verlieren und deren Rückstand 1,40 g Kaliumsulfat enthält?

94. Bei der Elementaranalyse geben 0,324 g Mannit 0,470 g Kohlendioxid und 0,224 g Wasser. Welche Formel hat die Verbindung, wenn sie außer Kohlenstoff und Wasserstoff nur noch Sauerstoff enthält?

95. Bei der Verbrennung von 0,246 g Anilingelb mittels Kupferoxids erhielt man 0,656 g Kohlendioxid, 0,134 g Was-

ser und 41,7 ccm Stickstoff; Sauerstoff ist nicht in der Verbindung enthalten. Welches ist hiernach die einfachste Formel für dieselbe?

96. Die Analyse eines stickstoffhaltigen Körpers lieferte folgende Zahlen: 0,4338 g Substanz gaben 0,1370 g Wasser und 1,0340 g Kohlendioxid; 0,3327 g Substanz gaben 26,1 ccm Stickstoff, aufgefangen über Wasser bei 14° und 773 mm Barometerstand; die Spannung des Wasserdampfes bei 14° beträgt 12 mm. Welche Formel drückt die Zusammensetzung des Körpers aus?

97. Stas stellte die Zusammensetzung der Chlorsäure durch Analyse von Silberchlorat fest; dieses enthielt 56,3948% Silber; 18,5227% Chlor und 25,0795% Sauerstoff. Welches ist die empirische Formel für Silberchlorat und für Chlorsäure?

98. Bei der Analyse von Kupferkies fand H. Rose 35,87% Schwefel; 34,40% Kupfer und 30,47% Eisen. Welche Formel kommt ihm daher zu?

99. Hirzel fand für die Zusammensetzung von Bitterspat folgende Daten: 30,83% Kalziumoxid; 21,21% Magnesiumoxid und 47,57% Kohlendioxid. Welche Formel kommt ihm zu?

100. Eine Analyse von Jodalith aus dem Ural ergab: 16,7% Al; 19,0% Na; 17,5% Si; 7,2% Cl und der Rest O. Welche Zusammensetzung hat das Mineral?

101. Bonsdorff fand in dem dunklen Rotgiltigerz von Andreasberg 17,81% Schwefel; 22,25% Antimon und 59,94% Silber. Welche Formel gibt die Zusammensetzung dieses Minerals an?

102. Die Analyse von Weißnickelkies ergab folgende Zahlen: Arsen 72,64%; Nickel 20,74%; Kobalt 3,37% und Eisen 3,25%. Durch welche Formel kann man diese isomorphe Mischung darstellen?

103. Eine Zinkblende enthielt 33,73% Schwefel; 51,95% Zink und 14,32% Eisen. Welches ist ihre Formel?

104. In Spateisenstein wurden 37,6% Eisen, 7,35% Mangan, 1,9% Magnesium, 10,7% Kohlenstoff und 42,6% Sauerstoff gefunden. Wie heißt die Formel des Minerals?

105. Berzelius untersuchte den im Meteoreisen vorkommenden Olivin und fand 40,86% Kieselsäure; 47,35% Magnesiumoxid und 11,72% Eisen(II)-oxid. Welche Formel hat der Körper?

106. Ein von Bredberg untersuchter Granat besteht aus 36,62% Kieselsäure; 7,53% Aluminiumoxid; 22,18% Eisenoxid; 31,80% Kalziumoxid und 1,95% Magnesiumoxid. Durch welche Formel läßt sich das Mineral darstellen?

107. Magnus fand bei der Analyse des Eisenspats von Ehrenfriedersdorf 36,81% Eisen(II)-oxid; 25,31% Mangan(II) oxid und 38,35% Kohlendioxid. Welche Formel stellt die Zusammensetzung des Eisenspats dar? Aus wieviel Prozenten Eisenkarbonat und Mangankarbonat ist er eine Mischung?

108. Welches ist die formelmäßige Zusammensetzung ($xKNO_3 + y\,S + z\,C$) von Schwarzpulver, das aus 74,81% Salpeter, 11,87% Schwefel und 13,32% Kohle besteht?

III. Auffindung der Koeffizienten in chemischen Gleichungen bei bekannten Ausgangs- und Endprodukten

a) auf Grund von Oxydationszahlen

109. Nach welcher Reaktionsgleichung bildet sich beim Einleiten von Chlor in Ammoniaklösung Ammoniumchlorid und Stickstoff?

110. Nach welcher Gleichung entsteht durch Einwirkung von Chlor auf Schwefel und Wasser Schwefelsäure und Salzsäure?

111. Nach welchen Gleichungen wird das Jod aus den Mutterlaugen des Chilesalpeters, in denen es sich als Natriumjodat findet, durch schweflige Säure abgeschieden, wenn

als Nebenprodukte Natriumhydrogensulfat, Schwefelsäure und Wasser entstehen?

112. Nach welcher Gleichung wird aus Kaliumjodid durch Braunstein und Schwefelsäure freies Jod abgeschieden, wenn Mangansulfat, Kaliumhydrogensulfat und Wasser als Nebenprodukte entstehen?

113. Nach welcher Gleichung zerfallen Salpetersäuredämpfe beim Durchleiten durch ein stark erhitztes Porzellanrohr in Stickstoffdioxid, Wasserdampf und Sauerstoff?

114. Nach welcher Gleichung oxydiert Salpetersäure Jod zu Jodsäure, wenn sich bei dem Prozeß noch Stickstoffoxid und Wasser bilden?

115. Nach welcher Gleichung entsteht durch Kochen von gelbem Phosphor mit Salpetersäure bei Anwesenheit von Wasser die Orthophosphorsäure, wenn als Nebenprodukt Stickstoffoxid entweicht?

116. Welche Gleichung stellt die Verbrennung des Schwefels mit Salpeter dar, wenn sich außer Schwefeldioxid noch Stickstoff und Kaliumsulfat bilden?

117. Welche Gleichung stellt die Verbrennung der Kohle mit Salpeter dar, wenn sich außer Kohlendioxid noch Stickstoff und Kaliumkarbonat bildet?

118. Nach welcher Gleichung verbrennt ein Schwarzpulver, dessen Zusammensetzung der einfachen Formel $2\,KNO_3 + S + 3\,C$ entspricht, wenn die Zersetzungsprodukte K_2S, N_2 und CO_2 sind? Aus wieviel Prozent festen und gasförmigen Stoffen bestehen die Explosionsprodukte?

119. Beim Erwärmen von Schwefel mit Salpetersäure wird der Schwefel unter Stickstoffoxidentwicklung in Schwefelsäure übergeführt. Welche Gleichung veranschaulicht den Prozeß?

120. Beim Erwärmen von Kohle mit Schwefelsäure entstehen außer Wasser die Dioxide von Kohlenstoff und Schwefel. Welche Gleichung veranschaulicht den Prozeß?

121. Nach welcher Gleichung entwickelt sich Sauerstoff bei der Einwirkung von Kaliumpermanganat auf Wasserstoffperoxid bei Anwesenheit von Schwefelsäure?

122. Nach welcher Gleichung löst sich Gold in Kaliumcyanid unter Einwirkung des Luftsauerstoffs als Kaliumgold-(I)-cyanid, wenn Kalilauge als Nebenprodukt entsteht?

123. Erhitzt man Ammoniumchlorid mit Ammoniumnitrat, so erhält man ein Gemisch von Stickstoff, Chlor und Wasserdampf. Welche Formel veranschaulicht den Prozeß?

124. Nach welcher summarischen Gleichung werden im Pflanzenkörper die Kohlenhydrate von der Formel $C_6H_{12}O_6$ durch Assimilation von Kohlendioxid und Wasser unter Abscheidung von Sauerstoff erzeugt?

125. Nach welcher Gleichung erfolgt die Darstellung des Anilins durch Reduktion von Nitrobenzol mit Eisen und Salzsäure, wenn als Nebenprodukte Eisen(III)-chlorid und Wasser entstehen?

126. Nach welcher Gleichung wird Eisen(III)-oxalat durch das Licht in Eisen(II)-oxalat und Kohlendioxid zerlegt?

127. Nach welcher Gleichung zerfällt 11-fach nitrierte Zellulose $C_{24}H_{29}O_9(NO_3)_{11}$ (Schießbaumwolle), wenn nach Versuchen von Sarrau und Vieille die Analyse der Gasschwaden Wasserstoff, Stickstoff, Wasserdampf, Kohlenoxid und Kohlendioxid, und zwar die beiden letzten in gleichen Volumenmengen ergeben?

Bestimme die Koeffizienten in folgenden Reaktionsgleichungen:

128. $x\ Sn + y\ HNO_3 = z\ H_2SnO_3 + u\ NO_2 + v\ H_2O$.

129. $x\ KMnO_4 + y\ H_2SO_4 = z\ K_2SO_4 + u\ MnSO_4 + v\ O_2 + w H_2O$.

130. $x\ H_2C_2O_4 + y\ KMnO_4 + z\ H_2SO_4 = u\ K_2SO_4 + v\ MnSO_4 + w\ CO_2 + r\ H_2O$.

131. $x\ FeSO_4 + y\ H_2SO_4 + z\ KMnO_4 = u\ Fe_2(SO_4)_3 + v\ K_2SO_4 + w\ MnSO_4 + r\ H_2O$.

132. $x\,MnO_2 + y\,H_2C_2O_4 + z\,H_2SO_4 = u\,MnSO_4 + v\,CO_2 + w\,H_2O$.

133. $x\,KMnO_4 + y\,H_2SO_4 + z\,H_2S = u\,MnSO_4 + v\,K_2SO_4 + w\,H_2O$.

134. $x\,HgCl_2 + y\,SO_2 + z\,H_2O = u\,HgCl + v\,H_2SO_4 + w\,HCl$.

135. $x\,K_2Cr_2O_7 + y\,H_2SO_4 + z\,SO_2 = u\,K_2SO_4 + v\,Cr_2(SO_4)_3 + w\,H_2O$.

136. $x\,K_2Cr_2O_7 + y\,H_2S = z\,K_2CrO_4 + u\,Cr(OH)_3 + v\,S$.

137. $x\,S + y\,KNO_3 = z\,K_2SO_4 + u\,SO_2 + v\,N_2$.

138. $x\,KOH + y\,Cl_2 = z\,KClO + u\,KCl + v\,H_2O$.

139. $x\,KOH + y\,Cl_2 = z\,KClO_3 + u\,KCl + v\,H_2O$.

140. $x\,MnSO_4 + y\,KMnO_4 + z\,H_2O = u\,MnO(OH)_2 + v\,K_2SO_4 + w\,H_2SO_4$.

141. $x\,Pb_3O_4 + y\,HNO_3 = z\,Pb(NO_3)_2 + u\,PbO_2 + v\,H_2O$.

142. $x\,Cu + y\,H_2\,SO_4 = z\,Cu\,SO_4 + u\,SO_2 + v\,H_2O$.

143. $x\,Cu + y\,HNO_3 = z\,Cu\,(NO_3)_2 + u\,NO + v\,H_2O$.

144. $x\,Fe\,Cl_2 + y\,H_2O_2 + z\,HCl = u\,FeCl_3 + v\,H_2O$.

145. $x\,Fe\,Cl_2 + y\,HNO_3 + z\,HCl = u\,FeCl_3 + v\,NO + w\,H_2O$.

b) mit Hilfe diophantischer Gleichungen

146. Nach welcher Gleichung entsteht durch die Einwirkung von Siliziumfluorid auf Wasser Kieselsäure H_4SiO_4 und Kieselfluorwasserstoffsäure H_2SiF_6?

147. Nach welcher Gleichung entsteht aus Zinkjodid und Lithiumalanat $LiAlH_4$ Zinkwasserstoff ZnH_2, Lithiumjodid und Aluminiumwasserstoff AlH_3?

148. Nach welcher Gleichung bildet sich bei Zusatz von Wasser zu Magnesiumnitrid Magnesiumhydroxyd und Ammoniak?

149. Nach welcher Gleichung erhält man durch Zersetzung einer Lösung von Kalziumchlorid mit Ammoniak und sekundärem Natriumphosphat einen Niederschlag von Kalziumphosphat, wenn als Nebenprodukte Ammonium- und Natriumchlorid entstehen?

150. Nach welcher Gleichung entsteht Berlinerblau [Eisen(III)-(hexa)-cyanoferrat(II)] beim Vermischen der Lösungen von gelbem Blutlaugensalz [Kalium(hexa)cyanoferrat (II)] und Eisen(III)-chlorid, wenn als Nebenprodukt Kaliumchlorid entsteht?

151. Nach welcher Gleichung wird Borfluorid durch Wasser zu Borsäure und Borfluorwasserstoffsäure umgesetzt?

Bestimme die Koeffizienten in folgenden Reaktionsgleichungen:

152. $x\ H_3BO_3 + y\ Na_2CO_3 = z\ Na_2B_4O_7 + u\ H_2O + v\ CO_2$.

153. $x\ \underset{\text{Brechweinstein}}{K(SbO)[C_4H_4O_6]} + y\ HNO_3 + z\ H_2O = u\ \underset{\text{Weinsäure}}{C_4H_6O_6} + v\ KNO_3 + w\ Sb(OH)_3$.

154. $x\ PCl_5 + y\ H_2O = z\ H_3PO_4 + u\ HCl$.

IV. Atomgewichtsbestimmung nach der Dulong-Petitschen Regel

155. Die spezifische Wärme von Mangan ist 0,116, von Eisen 0,108, von Nickel 0,1065, von Kupfer 0,0915, von Zinn 0,054, von Platin 0,0318, von Quecksilber 0,0333, von Blei 0,0309, von Thor und Uran 0,027. Welches sind die angenäherten Atomgewichte dieser Elemente, wenn die Atomwärme der Elemente etwa 6,4 beträgt?

156. Die spezifischen Wärmen von Kupfer und Eisen betragen 0,0915 und 0,108; durch Elektrolyse einer Kupfersulfat- und einer Eisen(II)-chloridlösung hat man die Äquivalente 31,8

und 28 ermittelt. Wie groß sind die Atomgewichte von Kupfer und Eisen? Wieviel wertig sind die Metallionen?

157. Die spezifischen Wärmen von Kupfer und Eisen betragen 0,0915 und 0,108; durch Elektrolyse einer Kupfer(I)- und Eisen(III)-chloridlösung hat man die Äquivalente 63,6 und 19,3 ermittelt. Wie groß sind die Atomgewichte von Kupfer und Eisen? Wieviel wertig sind die Metallionen?

V. Gesetze von Boyle und Gay-Lussac. Spezifisches Gewicht der Gase. Berechnung von Gasvolumina aus Gewichtsmengen.

158. Ein mit Luft von 15° und 740 mm Druck gefüllter Glasballon wiegt 132,34 g; nach dem Evakuieren beträgt sein Gewicht 131,73 g; nachdem der Hahn des Ballons unter Wasser geöffnet und der Ballon mit dem einströmenden Wasser gefüllt worden ist, wird das Gewicht des mit Wasser gefüllten Ballons gleich 643,0 g gefunden. Man berechne aus diesen Angaben das spezifische Gewicht der Luft bei 0° und 760 mm Druck.

159. Das spezifische Gewicht des Kohlendioxids soll nach folgenden Versuchsangaben berechnet werden: Ein Glasballon wiegt mit Luft von 20° und 750 mm Druck gefüllt 74,6864 g, mit Kohlendioxid von derselben Temperatur und Spannung gefüllt 74,8900 g, mit Wasser gefüllt 399,7 g. Das spezifische Gewicht der Luft bei 0° und 760 mm Druck beträgt 0,001 293.

160. Wie groß ergibt sich das spezifische Gewicht von Wasserstoff bei 0° und 760 mm Druck aus folgenden Versuchsdaten?: Ein Glasballon wiegt mit Luft von 20° und 750 mm Druck gefüllt 74,6864 g, mit Wasserstoff von derselben Temperatur und Spannung gefüllt 74,3268 g; der Ballon faßt 325 ccm Wasser. Das spezifische Gewicht der Luft bei 0° und 760 mm Druck ist 0,001 293.

161. Welchen Raum nimmt ein Mol Wasserstoff bei 0° und 760 mm Druck ein, wenn 1 l Wasserstoff im Normalzustande 0,0897 g wiegt?

162. Wieviel l Wasserstoff i. N. entstehen bei der Einwirkung von 5 g Natrium auf Wasser?

163. Wieviel l Wasserstoff i. N. entstehen bei der Elektrolyse von 1 g Wasser?

164. Wieviel l Wasserstoff i. N. lassen sich mittels 1 g Zink aus Schwefelsäure herstellen?

165. Wieviel g Zink und 90prozentige Schwefelsäure braucht man, um einen Gasometer von 15 l Inhalt mit Wasserstoff i. N. zu füllen?

166. Wieviel ccm Wasser entstehen bei der Explosion von 1 l Knallgas?

167. Wieviel g Wasser entstehen bei der Verbrennung von 12 l Wasserstoffgas i. N.?

168. Wievielmal so schwer ist Wasser als Wasserstoff?

169. Wieviel l Sauerstoff i. N. erhält man durch Glühen von 50 g Quecksilberoxid?

170. Wieviel l Sauerstoff i. N. erhält man aus 1 g Kaliumchlorat?

171. Wieviel g Quecksilberoxid braucht man zur Darstellung von 12 l Sauerstoff i. N.?

172. Wieviel g Bariumperoxid müssen auf Hellrotglut erhitzt werden, um eine 10 l fassende Bombe mit Sauerstoff von 50 Atmosphären Druck und 15° Temperatur zu füllen? Wieviel l Luft werden gebraucht, um bei Dunkelrotglut und erhöhtem Druck das Bariumperoxid zu regenerieren?

173. Wieviel kg Sauerstoff und Stickstoff sind in einem 8 m langen, 6 m breiten und 4 m hohen Zimmer enthalten?

174. Wieviel l Sauerstoff i. N. verbraucht 1 g Holzkohle beim Verbrennen und wieviel l Kohlendioxid entstehen bei dem Vorgang?

175. Wieviel l Luft i. N. verbraucht 1 g Phosphor beim Verbrennen?

176. Welcher Prozentgehalt an CO_2 wäre in einem völlig geschlossenen Hörsaal von 300 m^3 Rauminhalt nach 45 Minuten, wenn sich 40 Hörer darin aufgehalten haben, wobei pro Person 0,4 l CO_2 je Minute ausgeatmet wurden?

177. Wieviel Luft ist zur Verbrennung von 1 cbm Generatorgas das 28 Volumenprozent CO; 62% Stickstoff; 6% Wasserstoff und 4% CO_2 enthält, nötig?

178. Mit welchem Luftüberschuß wurde die Steinkohle einer Kesselfeuerung verbrannt, wenn die Rauchgase durchschnittlich 11,5 Volumenprozent Kohlendioxid; 7,4 Volumenprozent Sauerstoff und 81,1 Volumenprozent Stickstoff enthielten?

179. Wie groß sind die Litergewichte der Dämpfe von folgenden Stoffen:

a) Äthylalkohol C_2H_5OH; b) Dimethyläther $(CH_3)_2O$; c) Chloroform $CHCl_3$; d) Wasser H_2O.

180. Wieviel cbm Schwefeldioxid i. N. erhält man durch Rösten von 25 kg Schwefelkies, der 75% FeS_2 enthält, wenn 8% Schwefel unverbrannt bleiben?

181. Wieviel l Stickstoff i. N. erhält man durch Kochen von 10 g Kaliumnitrit mit Ammoniumchlorid? In welchem Gewichtsverhältnis sind beide Salze zu verwenden?

182. Wieviel g Ammoniumnitrat sind zur Darstellung von 8 l Distickstoffoxid von 18° und 745 mm Druck zu verwenden?

183. Wieviel g Ammoniumchlorid sind zur Darstellung von 3 kg einer 30prozentigen Ammoniaklösung nötig?

184. 1 l Wasser vermag bei 18° 750 l Ammoniakgas i. N. zu absorbieren. Wieviel g Ammoiumchlorid muß man anwenden, um die Menge zu entwicklen? Wieviel Prozent Ammoniak enthält die gesättigte Lösung?

185. Wieviel Distickstoffoxid erhält man durch Erhitzen von 75 g Ammoniumnitrat?

186. Wieviel l Chlorwasserstoffgas i. N. entstehen aus 25 g Kochsalz?

187. Wieviel l Chlorwasserstoffgas von 18° und 770 mm Druck entstehen aus 50 g Kochsalz und wieviel 80 prozentige Schwefelsäure ist hierzu nötig?

188. Wieviel g Kochsalz sind zur Herstellung von 10 l Chlor i. N. nötig?

189. Wieviel g Kochsalz und 80prozentige Schwefelsäure braucht man zur Darstellung von flüssiger Salzsäure, in der ½ l Wasser das 400fache Volumen Chlorwasserstoff absorbiert hat?

190. Wieviel l Chlorwasserstoffgas sind in 1 l 25½ prozentiger Salzsäure enthalten, wenn das spezifische Gewicht derselben bei 19,5° gleich 1,101 ist?

191. Wieviel Salmiak braucht man zur Herstellung von 10 l Chlorwasserstoffgas i. N.?

192. Wieviel Gewichtsprozent Chlorwasserstoff sind in einer flüssigen Salzsäure enthalten, wenn bei ihrer Herstellung von 1 l Wasser das 450fache Gasvolumen absorbiert wurde?

193. Wieviel l Chlorwasserstoffgas i. N. lassen sich aus 100 g Kochsalz gewinnen?

194. Wieviel Kochsalz, 92prozentige Schwefelsäure und Braunstein von 70% Gehalt an Mangandioxid sind zur Darstellung von 15 l Chlor i. N. erforderlich? Wie teuer ist 1 cbm Chlor, wenn 1 kg Kochsalz 0,20 DM, 1 kg der Schwefelsäure 0,25 DM und 1 kg Braunstein 0,40 DM kostet?

195. Wieviel g Natriumhydroxid und wieviel l Chlor sind erforderlich, um 1 kg Eau de Labarraque von einem Natriumhypochloritgehalt von 15% herzustellen, wenn der Prozeß nach der Gleichung

$$2\,NaOH + Cl_2 = NaClO + NaCl + H_2O$$

verläuft?

196. Wieviel l Chlor i. N. lassen sich aus 3 kg Eau de Labarraque (vgl. vor. Aufg.) von einem Natriumhypochlorit-

gehalt von 10% mittels Schwefelsäure frei machen, wenn der Prozeß nach der Gleichung

$$NaClO + NaCl + 2\ H_2SO_4 = 2\ NaHSO_4 + Cl_2 + H_2O$$

verläuft?

197. Wieviel l Chlor lassen sich aus 1 kg Chlorkalk entwickeln, wenn derselbe 32% wirksames Chlor enthält?

198. Wieviel l Chlor erhält man mittels einer Säure aus 1 kg Chlorkalk, wenn derselbe 81% $CaCl_2O$ enthält?

199. Wieviel kg heiße 30% Kaliumhydroxid enthaltende Kalilauge und wieviel l Chlorgas sind zur Darstellung von 1 kg Kaliumchlorat erforderlich?

200. Wieviel g Brom gewinnt man durch Einleiten von Chlor in 6 kg einer 0,25% Magnesiumbromid enthaltenden Lauge? Wieviel l Chlor sind hierbei zu verwenden?

201. Wieviel g Jod erhält man durch Einleiten von Chlor in 1 kg einer Lösung, die 1% Kaliumjodid enthält, und wieviel l Chlor sind hierbei zu verwenden?

202. Wieviel l Fluorwasserstoff entstehen aus 20 g Flußspatpulver?

203. Wieviel g Magnesiumsilizid sind zur Bildung von 50 ccm Siliziumwasserstoff i. N. nötig?

204. Wieviel g 30prozentige Fluorwasserstoffsäure und wieviel g Quarzsand sind zur Darstellung von 45 ccm Siliziumtetrafluorid i. N. erforderlich?

205. Wieviel l Wasserstoff i. N. sind zur Reduktion von 0,2 g Arsentrioxid nötig?

206. Wieviel ccm Sauerstoff sind zur Verbrennung von 0,2 g Arsen nötig?

207. Wieviel l Phosphorwasserstoff entstehen aus 5 g Zinkphosphid und wieviel g Phosphorpentoxid entstehen beim Verbrennen dieser Menge Phosphorwasserstoff?

208. Wieviel g Phosphor sind nötig, um einem Kubikmeter Luft den gesamten Sauerstoff zu entziehen?

209. Wieviel Prozent freies Zink enthält ein Phosphid, wenn die mittels Salzsäure aus ihm gewonnenen Volumina Phosphorwasserstoff und Wasserstoff sich wie 5 : 1 verhalten?

210. Wieviel l Schwefelwasserstoff erhält man aus 150 g eines Schwefeleisens, das 60% FeS enthält?

211. Wieviel l Chlor sind zur Desodorisierung eines 160 cbm fassenden Zimmers nötig, in dem 0,03% Schwefelwasserstoff enthalten sind?

212. Wieviel l Schwefeldioxid erhält man beim Verbrennen von 12 g Schwefel?

213. Wieviel g Kupfer und 98prozentige Schwefelsäure braucht man zur Darstellung von 12 l schwefliger Säure?

214. Wieviel l Schwefeldioxid gewinnt man durch Verbrennen von 1 t Eisenkies, der 7% Gangart enthält, und wieviel g Eisen(III)-oxid bleiben als Rückstand? Wieviel g 62prozentige Kammersäure erhält man theoretisch aus dem erhaltenen Schwefeldioxid?

215. Wieviel l Azetylengas lassen sich aus 10 g eines 90prozentigen Kalziumkarbids herstellen?

216. Wieviel Kalziumkarbid braucht man, um bei 20° und 755 mm Druck einen Gasometer von 20 l Inhalt mit Azetylen zu füllen?

217. Wieviel g Kohlendioxid i. N. enthält ein zylindrisches Gefäß von 75 cm Höhe und 40 cm Weite?

218. Wieviel g Marmor braucht man, um einen 80 cm hohen und 60 cm weiten Gasometer bei 15° und 760 mm Druck mit Kohlendioxid zu füllen, und wieviel g 25prozentige Salzsäure sind hierzu erforderlich?

219. Wieviel l Luft sind nötig, um 1 kg 95prozentige Steinkohle zu verbrennen?

220. Aus 1 kg käuflichen Kalziumkarbids erhält man 280 l Azetylen. Wieviel Prozent CaC_2 sind in dem Karbid enthalten?

221. Wieviel l Kohlendioxid erhält man aus 100 g Marmor und wieviel g 30prozentige Salzsäure ist zu verwenden?

222. Wieviel kostet 1 cbm Azetylengas, wenn 1 kg Kalziumkarbid 0,35 DM kostet?

223. Wieviel l Kohlenoxidgas entstehen durch Erwärmen von 50 g kristallisierter Oxalsäure mit konzentrierter Schwefelsäure und wieviel g 10prozentige Kalilauge sind mindestens zu verwenden, um das gleichzeitig sich entwickelnde Kohlendioxidgas zu absorbieren?

224. Wieviel g Wasser und wieviel l Kohlendioxid entstehen beim Verbrennen von 2 l Methan?

225. Wieviel g Kohle und Wasser werden verbraucht, um 1 l Wassergas durch den elektrischen Lichtbogen im Wasser zu erzeugen?

226. Wieviel l Methan erhält man durch Erhitzen von 15 g Kaliumazetat mit Kaliumhydroxid?

227. Welches ist die Zersetzungsgleichung für Nitroglyzerin $C_3H_5(NO_3)_3$, wenn die Explosionsprodukte a) CO, N_2, O_2 und H_2O, b) CO_2, H_2O, N_2 und O_2 sind? Welches ist in beiden Fällen die gasvolumetrische Zusammensetzung der Gasschwaden im Normalzustand für 1 kg Nitroglyzerin?

VI. Gay-Lussacs Volumgesetz und Avogadros Hypothese

228. In welchen Raumverhältnissen verbinden sich folgende Gase miteinander und in welchem Verhältnis zu den Komponenten stehen die erhaltenen Verbindungsprodukte?

a) Chlor und Wasserstoff; b) Sauerstoff und Wasserstoff; c) Stickstoff und Wasserstoff; d) Stickstoff und Sauerstoff (Endprodukt: Distickstoffoxid, Stickstoffoxid, Stickstoffdioxid); e) Kohlenoxid und Sauerstoff; f) Kohlenoxid und Chlor; g) Äthylen und Chlor; h) Benzoldampf und Sauerstoff.

229. Wieviel Volumina Wasserstoff bilden sich aus einem Volumen Phosphorwasserstoff (Arsenwasserstoff) bei der Zerlegung durch elektrische Funken?

230. Wieviel l Kohlenoxidgas bilden sich beim Überleiten von 5 l Kohlendioxid über glühende Kohlen?

231. Wieviel l Stickstoffoxid und wieviel l Sauerstoff muß man zusammenführen, um 1 l Stickstoffdioxid zu erhalten?

232. Wieviel l Stickstoffoxid bilden sich beim Schütteln von 1 l Stickstoffdioxid mit Wasser?

233. Bei der Analyse der Luft mittels des eudiometrischen Verfahrens wurden zu 100 ccm Luft 50 ccm Wasserstoff geleitet und das Gemisch verpufft. Das Volumen des zurückbleibenden Gases wurde zu 87,15 ccm gefunden. Wieviel Prozent Sauerstoff enthielt die Luft?

234. In der Verpuffungsröhre eines Eudiometers befanden sich 15 ccm Luft; nachdem Wasserstoffgas zugetreten war, betrug das Volumen 23,2 ccm; nach der Verpuffung endlich 13,8 ccm. Wieviel Prozent Sauerstoff enthielt die Luft?

235. Wieviel ccm Wasserstoff entstehen aus 40 ccm in einem Eudiometerrohr enthaltenen Arsenwasserstoffs, der durch elektrische Funken zerlegt wird?

236. Die Birne des Viktor-Meyerschen Apparats zur Bestimmung der Dampfdichte faßt 200 ccm. Sie ist mit Quecksilberdampf gefüllt. Tritt eine Veränderung des Dampfvolumens ein, wenn man in die Birne festes Jod wirft?

237. In welcher Weise verändert sich das Volumen von Quecksilberdampf in einem Litergefäß, wenn man einen halben Liter bzw. einen ganzen Liter Chlor einleitet?

238. Berechne aus den Atomgewichten der Elemente von folgenden Gasen die spezifischen Gewichte: Ammoniak; Distickstoffoxid; Stickstoffoxid; Stickstoffdioxid; Chlorwasserstoff; Schwefelwasserstoff; Schwefeldioxid; Phosphorwasserstoff; Arsenwasserstoff; Selendioxid.

239. Berechne die Dichte der Gase der vorigen Aufgabe bezogen auf Luft.

240. Berechne aus den Atomgewichten der Elemente von folgenden Körpern die Dampfdichten: Essigsäure; Azetal-

dehyd; Holzgeist; Chloroform; Phenol; Arsen(III)-jodid; Quecksilberchlorid.

VII. Berechnung von Äquivalentgewichten und Valenzen

241. Welches ist das Äquivalentgewicht von Blei, wenn ein 5 g schwerer Zinkstreifen aus einer verdünnten Lösung von Bleiazetat 16 g Blei abscheidet und das Äquivalentgewicht von Zink 32,7 ist?

242. Wieviel wertig ist das Quecksilberatom, wenn aus Quecksilberchlorid durch 2,4 g Zink (zweiwertig) 7,3 g Quecksilber ausgeschieden werden? Hg = 200,6.

243. Welches ist das Äquivalentgewicht des Silbers, wenn 2,4 g Zink (zweiwertig) aus Silbernitratlösung 7,9 g Silber ausscheiden?

244. Silberchlorid besteht aus 75,27% Silber und 24,73% Chlor (einwertig). Welches Äquivalentgewicht ergibt sich hieraus für Silber?

245. Ammoniak besteht aus 82,35% Stickstoff und 17,65% Wasserstoff. Welches Äquivalentgewicht erhält man hieraus für Stickstoff?

246. Kalomel enthält 84,93% Quecksilber und 15,07% Chlor. Welches Äquivalentgewicht ergibt sich hieraus für Quecksilber?

247. Sublimat enthält 73,8% Quecksilber und 26,2% Chlor. Welches Äquivalentgewicht berechnet man hieraus für Quecksilber?

248. Welche Äquivalentgewichte berechnet man für Eisen in einem Oxid, das a) 77,8% Eisen und 22,2% Sauerstoff, b) 70% Eisen und 30% Sauerstoff enthält?

249. Welches ist die Valenz von Gold, wenn die Analyse der Chlorverbindung 64,9% Gold und 35,1% Chlor ergibt und das Atomgewicht von Gold gleich 197 ist?

250. Welches ist das Äquivalentgewicht von Kupfer in Kupfer(I)-chlorid und in Kupfersulfat, wenn derselbe elektri-

sche Strom aus der Lösung derselben 0,192 g bzw. 0,096 g Kupfer an der Kathode ausscheidet und gleichzeitig in dem dahinter geschalteten Knallgasvoltameter 51 ccm Knallgas i. N. entwickelt werden?

251. Welches Äquivalentgewicht hat Silber in Silbernitratlösung, wenn derselbe elektrische Strom in hintereinandergeschalteten Zellen in derselben Zeit 0,124 g Silber und 13,8 ccm über Wasser bei 16° und 754 mm Barometerstand aufgefangenen Wasserstoff abscheidet? (Dampfdruck des Wassers bei 16° 13,5 mm.)

252. Welches Äquivalentgewicht ergibt sich für Antimon, wenn ein elektrischer Strom aus Antimon(III)-chlorid 0,0464 g Antimon und 13,73 ccm Chlor von 16° und 762 mm Druck abscheidet?

253. Ein elektrischer Strom von 0,6 Ampere scheidet in 1 Std. 14 Min. 24 Sek. 0,814 g Nickel ab. Wie groß ist das Äquivalentgewicht des Nickels?

254. Berechne die Äquivalentgewichte von folgenden Metallen aus dem gemessenen Volumen des von ihnen freigemachten Wasserstoffs; für alle Versuche beträgt die Temperatur 20° und der Luftdruck 755 mm:

a) 0,1910 g Natrium entwickelten aus Alkohol 98,0 cm^3 Wasserstoff;

b) 0,1796 g Magnesiumband befreiten aus verdünnter Schwefelsäure 176,6 cm^3 Wasserstoff;

c) 0,2760 g Zinkkörner entwickelten aus verdünnter Schwefelsäure 99,0 cm^3 Wasserstoff;

d) 0,1406 g Aluminium befreiten aus konzentrierter Salzsäure 189,8 cm^3 Wasserstoff;

e) 0,3152 g Stanniol entwickelten aus kochender, konzentrierter Salzsäure 64,6 cm^3 Wasserstoff.

255. Wie groß ist das Verbindungsgewicht von Quecksilber, wenn 0,476 g Quecksilberoxid beim Glühen 26,7 cm^3 Sauerstoff von 21° und 758 mm Druck lieferten?

256. 0,0963 g Magnesiumband verbrannten in reinem Sauerstoff und verbrauchten davon 48,2 cm³ von 20° und 754 mm Druck. Wie groß ist das Verbindungsgewicht des Magnesiums?

257. Ein Tropfen Wasser vom Gewichte 0,125 g wurde in einem Reagenzglas mit vollständig getrocknetem Zinkpulver überschüttet. Nachdem man zuerst das Zinkpulver am trockenen Ende erhitzt und dann die Flamme von Zeit zu Zeit dem feuchten Ende genähert hatte, begann eine Wasserstoffentwicklung. Es ergaben sich 169 cm³ von 20° und 759 mm Druck. Welches Verbindungsgewicht erhält man hieraus für Wasserstoff?

258. Berechne unter der Voraussetzung, daß 1 Mol eines Karbonats durch die Einwirkung einer Säure 1 Mol CO_2 freimacht, die Molekulargewichte von folgenden Karbonaten:

a) 0,3728 g Kalziumkarbonat lieferten durch Einwirkung von Salzsäure 87 ccm³ CO_2 von 19° und 756 mm Druck.

b) 0,5012 g Natriumhydrogenkarbonat lieferten 139 cm³ CO_2 von 19° und 756 mm Druck.

c) 0,489 g Strontiumkarbonat lieferten 78,3 cm³ CO_2 von 19° und 756 mm Druck.

259. Mit wieviel Molekeln Wasser kristallisiert Natriumkarbonat, wenn 2,455 g Soda 207 cm³ CO_2 von 21° und 760 mm Druck lieferten?

VIII. Molekulargewicht und Dampfdichte

260. Liebig fand 1835 die Dampfdichte des von ihm entdeckten Azetaldehyds gleich 1,56. Wie groß ist das Molekulargewicht?

261. Die Dampfdichte des Holzgeistes beträgt nach der Bestimmung von Dumas und Peligot (1835) 1,153. Wie groß ist sein Molekulargewicht?

262. Die Dampfdichte von Hydrazinhydrat wurde 1890 von Curtius und Schulz gleich 1,715 gefunden. Welches Molekulargewicht ergibt sich hieraus?

263. Nach J. Grabowsky (1875) beträgt die Dampfdichte des Chlorals 4,93. Wie groß ist demnach sein Molekulargewicht?

264. Die Dampfdichte des Chloroforms wurde gleich 4,26 gefunden. Wie groß ist sein Molekulargewicht?

265. Wie groß ist das Molekulargewicht von Brom, wenn die Dampfdichte gleich 5,38 gefunden wurde?

266. Das Gewicht eines Glasballons vom Inhalt $v = 236{,}3$ ccm betrug mit Luft gefüllt $a = 42{,}589$ g; mit Äthylätherdampf bei der Temperatur $T = 50°$ und dem Barometerstand $H = 748$ mm gefüllt $b = 42{,}975$ g. Die Temperatur während der Wägung betrug $t = 15°$. Wie groß ist hiernach die Dampfdichte des Äthyläthers?

267. Die Dampfdichte des Quecksilbers beträgt nach Dumas bei 446°, reduziert auf Normaltemperatur und -druck, 6,92 bezogen auf Luft. Wieviel atomig ist hiernach die Molekel des Quecksilberdampfes?

268. Die Dampfdichte des Broms bezogen auf Luft wurde von H. Jahn bei 227,9° zu 5,524 gefunden. Wieviel atomig ist die Molekel Bromdampf?

269. Wieviel atomig ist die Molekel Joddampf, wenn seine Dampfdichte bezogen auf Luft bei 450° gleich 8,84 ist?

270. Wieviel atomig ist die Molekel Phosphordampf zwischen 300° und 1000°, wenn seine Dampfdichte zwischen diesen Temperaturen gleich 4,4 gefunden ist?

271. Wieviel atomig ist die Molekel Kadmiumdampf bei 1040°, wenn seine Dampfdichte bezogen auf Luft gleich 3,94 ist?

272. Wieviel atomig ist die Molekel Schwefeldampf a) bei 500°, wenn die Dampfdichte bezogen auf Luft gleich 655, gefunden wurde; b) zwischen den Temperaturen 1000° und 1160°, wenn die Dampfdichte gleich 2,2 gefunden wurde?

IX. Aufstellung der Formel einer Verbindung aus der Dampfdichte und der prozentualen Zusammensetzung

273. Die Dampfdichte des Silberchlorids wurde von V. Meyer und H. Biltz 1889 bei einer Temperatur von 1735,5° gleich 5,7 gefunden; die Analyse des Silberchlorids liefert 75,25% Silber. Welche Formel kommt ihm zu?

274. Bei der Elementaranalyse von Phenol, das nur die Elemente Kohlenstoff, Wasserstoff und Sauerstoff enthält, fand man 76,55% C und 6,43% H; die Dampfdichte betrug 3,25. Welche Formel hat Phenol?

275. Welche Formel hat Aluminiumchlorid, wenn dasselbe 20,7% Aluminium enthält und das Gewicht eines Liters seines Dampfes bei 800° 1,52 g wiegt?

276. Kalomel enthält 84,9% Quecksilber. Seine Dampfdichte ist von Mitscherlich bei 440° gleich 8,39 gefunden worden. Welche Formel entspricht diesen Zahlen?

277. 0,315 g einer organischen Verbindung gaben bei der Elementaranalyse 0,462 g Kohlendioxid und 0,189 g Wasser. Die Dampfdichte wurde gleich 2,04 gefunden. Welche Formel hat die Verbindung?

278. Welche Formel hat Methylazetat, wenn es 8,1% Wasserstoff, 48,7% Kohlenstoff und den Rest Sauerstoff enthält und wenn die Bestimmung der Dampfdichte ergeben hat, daß 60 ccm Dampf im Normalzustand 0,197 g wiegen?

279. Welche Formel hat Benzol, dessen Analyse 92,3% Kohlenstoff und 7,7% Wasserstoff ergibt und dessen Dampfdichte gleich 2,68 ist.

280. Die Kohlenwasserstoffe Äthylen, Propylen, Butylen und Amylen enthalten alle 85,7% Kohlenstoff und 14,3% Wasserstoff. Welche Formeln kommen ihnen zu, wenn ihre Dampfdichten 0,98, 1,50, 2,00 und 2,43 sind?

281. Mitscherlich fand die Dampfdichte des Anhydrids der arsenigen Säure, die aus 75,7% Arsen und 24,3% Sauer-

stoff besteht, gleich 13,85. Welche Formel hat hiernach die Verbindung?

282. Bei der Verbrennung von 0,184 g wasserfreier Oxalsäure entstehen 0,180 g Kohlendioxyd und 0,0368 g Wasser; seine Dampfdichte ist nach Gay-Lussac gleich 3,226. Welche Formel hat hiernach Oxalsäure?

283. Balard bestimmte die Zusammensetzung von Unterchlorigsäureanhydrid, indem er 50 Vol. dieses Gases in ein Rohr über Quecksilber brachte und es durch gelindes Erwärmen zersetzte; das hierbei entstehende Gemenge von Chlor und Sauerstoff nahm etwas weniger als 75 Vol. ein. Nachdem das Chlor durch Kalilauge fortgenommen war, blieben 25 Vol. Sauerstoff übrig. Die Dampfdichte der Verbindung gegen Luft = 1 wurde zu 3,03 gefunden. Welche Formel hat sie demnach?

284. Der Dampf von 0,0981 g Benzol nimmt bei 100° und 728 mm Druck einen Raum von 40 ccm ein; Benzol besteht aus 92,3% Kohlenstoff und 7,7% Wasserstoff. Welches ist seine Formel?

285. Azeton besteht aus 62,1% Kohlenstoff, 10,3% Wasserstoff und dem Rest Sauerstoff; es werden 0,0815 g Substanz bei 748 mm Barometerstand in die Röhre des Hofmannschen Apparats zur Bestimmung der Dampfdichte eingeführt und durch Wasserdampf vergast. Nach Beendigung des Versuchs beträgt das Volumen des verdampften Körpers 81,5 ccm, die Höhe der Quecksilbersäule der Röhre 352 mm. Welche Formel hat Azeton?

286. Welche Formel hat Äthyljodid, wenn 0,108 g im Viktor-Meyerschen Apparat 15,2 ccm Luft von 20° und 752 mm Druck verdrängen und der Körper aus 15,4% Kohlenstoff, 3,2% Wasserstoff und 81,4% Jod besteht?

287. Es werden im Viktor-Meyerschen Apparat 0,113 g Tetrachlormethan verdampft. In der Meßröhre wurden bei

einem Barometerstande von 759 mm und bei 22° 18 ccm Luft gesammelt. Die Substanz besteht aus 7,8% Kohlenstoff und 92,2% Chlor. Welche Formel kommt ihr zu?

X. Dissoziation und Polymerisation von Gasen

288. Die Dampfdichte des Jods gegen Luft = 1 beträgt bei 600°: 8,72; bei 878°: 8,11; bei 1030°: 6,83; bei 1250°: 5,65; bei 1390°: 5,23; bei 1500°: 4,5. Aus wievielen Atomen besteht das Jodmolekül bei der niedrigsten und der höchsten dieser Temperaturen, wenn sein Atomgewicht 127 ist? Wieviel Prozent der Jodmoleküle sind bei den anderen Temperaturen dissoziiert?

289. Die Dichte des Schwefeldampfes bei 468° beträgt 7,94; zwischen 860° und 1040° 2,23. Aus welchen Molekülen besteht der Schwefeldampf bei diesen Temperaturen?

290. Die Dampfdichte des Stickstoffdioxids bezogen auf H = 1 beträgt bei 26°: 38,0; bei 150°: 22,9. Welche Molekularformel hat das Gas bei 150°? Wieviel Prozent N_2O_4 Moleküle sind bei 26° vorhanden?

291. Die Moleküle von Phosphorpentachlorid spalten sich beim Erwärmen in die Moleküle PCl_3 und Cl_2; bei 300° beträgt die Dampfdichte bezogen auf Luft 3,60. Wieviel Prozent der Moleküle sind dissoziiert?

292. Die Dampfdichte des Broms bezogen auf Luft beträgt bei 1570° 3,68. Wieviel Prozent der Molekeln des Bromdampfes, der bei tieferer Temperatur zweiatomig ist, sind dissoziiert?

293. Wieviel Prozent der Joddampfmolekeln (J_2) sind bei 1570° dissoziiert, wenn die Dampfdichte gleich 5,71, reduziert auf 760 mm Druck und 0°, gefunden wurde?

294. Ladenburg bestimmte das Molekulargewicht des Ozons auf folgende Weise: Ein mit reinem Sauerstoff gefülltes Glasgefäß wird gewogen; darauf geschieht dasselbe mit Ozon enthaltendem Sauerstoff bei gleicher Temperatur und gleichem

Druck; der letztere wiegt 0,0163 g mehr. Es wird nun das Volumen des Ozons ermittelt, indem man dieses mit Hilfe von Terpentin absorbiert; das Volumen beträgt 26,0 ccm. Wieviel wiegt 1 ccm Ozon? Wievielmal so schwer ist Ozon als ein gleiches Volumen Sauerstoff? Welches ist die Molekularformel des Ozons?

XI. Herstellung von Lösungen mit bestimmtem Gehalt

295. Wieviel kg 62prozentige Schwefelsäure erhält man aus 100 kg Schwefelkies, der 12% Bergart enthält?

296. Wieviel kg 96prozentige Schwefelsäure erhält man aus 20 kg Schwefel?

297. Wieviel kg Kalisalpeter sind zur Herstellung von 1 kg einer 60prozentigen Salpetersäure nötig?

298. Es sollen 10 l Salmiakgeist vom spezifischen Gewicht 0,910 (25prozentig) hergestellt werden. Wieviel Salmiak und gebrannter Kalk sind zu verwenden?

299. Wieviel 95prozentige Schwefelsäure und Blei(II)-azetat sind zusammen zu destillieren, um 1 kg wasserfreie Essigsäure zu erhalten?

300. Wieviel l einer 80prozentigen Salpetersäure (spez. Gew. 1,460) braucht man, um 1 kg Kupfer aufzulösen?

301. Wieviel kg gebrannter Kalk sind zur Herstellung einer 15prozentigen Kalilauge mit 2 kg Pottasche zu kochen? Wieviel Wasser ist zuzugeben? Wieviel Kalilauge erhält man?

302. Es sollen 25 l Salzsäure vom spezifischen Gewicht 1,190 (38prozentig) hergestellt werden. Wie teuer wird die Herstellung, wenn 1 kg Kochsalz 0,22 DM und 1 kg 90prozentige Schwefelsäure 0,25 DM kosten?

303. Wieviel g 40prozentige Salzsäure und 92prozentige Salpetersäure sind zur Herstellung derjenigen Menge Königswasser zu mischen, die 500 g Zinn aufzulösen vermag?

304. Eine Salpetersäure von 73,5% Gehalt an wasserfreier Säure soll in Säure von 27,5% Gehalt an wasserfreier Säure

umgewandelt werden. Mit wieviel Wasser sind 100 Teile der konzentrierten Säure zu vermischen?

305. Wieviel g Salpetersäure von 73,5% Gehalt an wasserfreier Säure sind zu verdünnen, um 500 g Säure von 27,5% zu erhalten? Wieviel g Wasser ist zuzusetzen?

306. Wieviel g 52prozentige Salpetersäure sind zur Herstellung eines Liters Normalsäure zu verdünnen und wieviel ccm Wasser sind zuzufügen?

307. Wieviel Wasser muß zu 3 l 20prozentiger Salzsäure (spez. Gew. 1,100) zugesetzt werden, um 12prozentige Säure zu erhalten?

308. Wieviel 8prozentige Natronlauge erhält man durch Verdünnung von 1 l 49prozentiger Lauge, deren spezifisches Gewicht 1,53 ist?

309. Mit wieviel Wasser ist 1 l 30prozentige Natronlauge vom spezifischen Gewicht 1,33 zu verdünnen, um eine 10 prozentige Lauge zu erhalten?

310. 500 g 60prozentige Schwefelsäure soll in 90prozentige Säure übergeführt werden. Wieviel Wasser ist zu verdampfen?

311. 5 l Kalilauge vom spezifischen Gewicht 1,100 sollen in Lauge vom spezifischen Gewicht 1,320 übergeführt werden. Wieviel der letzteren erhält man und wieviel Wasser ist zu verdampfen? Nach üblichen Tabellenwerten ist die Lauge erst 12 prozentig, nachher 32,7 prozentig.

312. Aus 100 l Rübensaft vom spezifischen Gewicht 1,03, welcher 7,5% Trockensubstanz enthält, soll ein Kristallbrei mit 90% Trockensubstanz durch Eindampfen hergestellt werden. Wieviel kg Brei erhält man und wieviel Wasser muß verdampft werden?

313. Wieviel 94prozentige Salpetersäure ist zu 5 kg einer 70prozentigen Säure zuzusetzen, um 84prozentige Säure zu erhalten?

314. Wieviel 15prozentige und 62prozentige Schwefelsäure sind zu vermischen, um 20 kg 40prozentige Säure zu erhalten?

XII. Osmotischer Druck

315. Wieviel Atmosphären beträgt der osmotische Druck von 1,5 g Pikrinsäure $C_6H_2(OH)(NO_2)_3$, die in 300 g Benzol bei der Temperatur 20° gelöst sind? Spez. Gew. von Benzol = 0,885.

316. Wie groß ist der osmotische Druck einer Lösung von 3 g Kampfer $C_{10}H_{16}O$ in 150 g Benzol bei 20°? Spez. Gew. von Benzol = 0,885.

317. Wie groß ist der osmotische Druck von 3 g kristallisiertem Kupfervitriol, die in 1500 ccm Wasser bei der Temperatur 16° gelöst sind, wenn vollständige Dissoziation eingetreten ist?

318. Wieviel mm Quecksilberdruck beträgt der osmotische Druck einer Kochsalzlösung bei 30°, wenn 1,2 g Kochsalz in 1000 g Wasser gelöst sind?

319. Wie groß ist der osmotische Druck einer Lösung von
a) 0,4 g Silbernitrat in 200 ccm Wasser bei 15°;
b) 1,2 g Bariumchlorid in 850 ccm Wasser bei 25°;
c) 3 g Kaliumsulfat in 1700 ccm Wasser bei 18°;
d) 7 g Kalialaun in 1700 ccm Wasser bei 15°,
wenn vollständige Dissoziation angenommen wird?

320. Welches ist die Formel für Rohrzucker, dessen quantitative Analyse 42,2 % Kohlenstoff, 6,4 % Wasserstoff und den Rest Sauerstoff ergeben hat, wenn eine 4prozentige Lösung nach Pfeffer bei 15° einen osmotischen Druck gleich einer 2082 mm hohen Quecksilbersäule hatte?

321. Wie groß ist das Molekulargewicht von Harnstoff, wenn in 7 l Lösung 24,6 g der Substanz enthalten sind und der osmotische Druck bei 0° 1,3 Atmosphären beträgt?

XIII. Dampfdruckerniedrigung

322. Wie groß ist das Molekulargewicht des Rohrzuckers, wenn 5 g desselben in 150 g Wasser gelöst bei einer Dampf-

spannung des Wasserdampfes von 747 mm eine Dampfdruckerniedrigung von 1,4 mm hervorriefen?

323. Welches ist das Molekulargewicht der Salizylsäure, wenn die Dampfdruckverminderung einer Lösung von 10,2 g der Säure in 100 g Äther 13,5 mm betrug, während der Dampfdruck des reinen Äthers bei der Versuchstemperatur 238 mm zeigte?

324. Bei der Destillation von Naphthalin im Wasserdampfstrome gingen bei 98,2° und 712,4 mm Druck 49,4 g Wasser und 8,9 g Naphtalin über. Welches ist das Molekulargewicht von Naphthalin, wenn die Dampfspannung des reinen Wasserdampfes bei 98,2° gleich 733 mm ist?

XIV. Siedepunktserhöhung

325. Aus der Analyse der Oxalsäure ergibt sich, daß die Atomzahlen des Kohlenstoffs, Wasserstoffs und Sauerstoffs sich wie 1 : 1 : 2 verhalten. Welches ist ihre Formel, wenn 1 g Oxalsäure in 100 g Wasser eine Siedepunktserhöhung von 0,059° erzeugt und die molare Siedepunktserhöhung des Wassers gleich 0,515° ist?

326. In 150 g Wasser werden 6,6 g Borsäure gelöst; die Siedepunktserhöhung des Wassers beträgt 0,363°. Wie groß ist hiernach das Molekulargewicht der Borsäure, wenn die molare Siedepunktserhöhung des Wassers gleich 0,515° ist?

327. Eine Lösung von 1,24 g Schwefel in 120 g Schwefelkohlenstoff ergab eine Siedepunktserhöhung von 0,099°. Wie hoch ergibt sich daraus das Molekulargewicht des gelösten Schwefels und wieviel Atome enthält die Molekel? Die molare Siedepunktserhöhung für Schwefelkohlenstoff ist 2,29°.

328. Wieviel Atome enthält die Phosphormolekel, wenn 2,4 g Phosphor, in 100 g Schwefelkohlenstoff gelöst, eine Siedepunktserhöhung von 0,443° erzeugen und die molare Siedepunktserhöhung für Schwefelkohlenstoff 2,29° beträgt?

329. Wieviel atomig ist die Jodmolekel, wenn 3,14 g Jod, in 50 g Äther gelöst, eine Siedepunktserhöhung von 0,454° erzeugen und die molare Siedepunktserhöhung für Äther gleich 1,83° ist?

XV. Gefrierpunktserniedrigung

330. 2,721 g Äther, gelöst in 100 g Benzol, erniedrigen den Erstarrungspunkt des Benzols um 1,826°. Wie groß ist das Molekulargewicht von Äther, wenn die molare Gefrierpunktserniedrigung für Benzol gleich 5,10 ist?

331. 0,3943 g eines Körpers, dessen Atomverhältnisformel $C_7H_7N_2O$ ist, sind in 14,34 g Phenol gelöst; die Gefrierpunktserniedrigung wurde zu 0,712° gefunden. Die molare Gefrierpunktserniedrigung des Phenols beträgt 7,3. Welche Formel kommt der Verbindung zu?

332. 0,652 g Benzaldehyd, in 140 g Eisessig gelöst, erniedrigen den Gefrierpunkt um 0,161°. Wie groß ist das Molekulargewicht von Benzaldehyd, wenn die molare Gefrierpunktserniedrigung des Eisessigs gleich 3,9 ist?

333. In einem Schulversuch wurde der Erstarrungspunkt des Phenols zu 40° gemessen. Zu 5 g dieses Phenols wurde ein Tropfen Wasser, etwa 0,05 g, zugegeben. Der Erstarrungspunkt des Gemisches betrug jetzt 36°. Welcher Wert folgt hieraus für das Molekulargewicht des Wassers? Konstante des Phenols 7,3.

334. Zur Mikromolekulargewichtsbestimmung nach Rast werden 0,0018 g einer unbekannten Substanz durch Schmelzen in 0,2081 g Campher gelöst. Der Schmelzpunkt des Gemisches liegt 7° unter dem des reinen Camphers. Die Konstante des Lösungsmittels ist 40. Berechne das Molekulargewicht der Substanz.

XVI. Bestimmung von Atomgewichten

335. Gay-Lussac stellte (1814) fest, daß 100 g Jod sich mit 26,225 g Zink verbinden. Welches Atomgewicht ergibt

sich hieraus für Jod, wenn man das gegenwärtige Atomgewicht für Zink 65,38 zugrunde legt?

336. Berzelius erhielt im Jahre 1812 bei der Bestimmung des Atomgewichts von Tellur aus 3 g Tellur 3,745 g Tellurdioxid. Wie groß ist demnach das Atomgewicht des Tellurs? O = 16,00.

337. Berzelius oxydierte 25 g Blei mit Hilfe von Salpetersäure und erhielt 26,925 g Bleioxid. Wie groß ist das Atomgewicht des Bleis? O = 16,00.

338. Berzelius reduzierte im Jahre 1818 mittels Wasserstoffs 43,9650 g PbO zu 40,8125 g Blei. Welches Atomgewicht für Blei ergibt sich hieraus, wenn O = 16,00 gesetzt wird?

339. Wie groß ist das Atomgewicht des Aluminiums, wenn man aus 10 g Aluminiumsulfat durch Glühen 2,9934 g Tonerde erhält? S = 32,066, O = 16.

340. Stas fand als Mittel aus 10 Versuchen, daß zur Fällung von 85,0312 g Natriumchlorid 156,8621 g Silber einer Silbernitratlösung erforderlich waren. Welches Atomgewicht für Natrium wird gefunden, wenn das von Chlor zu 35,457 und das von Silber zu 107,88 angenommen wird?

341. Wie groß fanden Erdmann und Marchand das Atomgewicht von Kalzium, wenn sie 13,0631 g kohlensauren Kalk durch Glühen in 7,6175 g Kalziumoxid überführten und das Verbindungsgewicht von CO_2 gleich 44, das des Sauerstoffs gleich 16 annahmen?

342. Welches Atomgewicht fand Berzelius für Bor, wenn er durch Glühen des kristallisierten Borax ($Na_2B_4O_7 + 10\,H_2O$) feststellte, daß dieser 47,1% Wasser enthielt, und wenn die Atomgewichte von Natrium gleich 23, von Sauerstoff gleich 16,00 und von Wasserstoff gleich 1 angenommen wurden?

343. Wie groß wurde das Atomgewicht des Bariums von Struve gefunden, der aus 100 Teilen Bariumchlorid 112,09 Teile Bariumsulfat erhielt, wenn er die Atomgewichte von Chlor,

Schwefel und Sauerstoff als bekannt voraussetzte? Cl = 35,45; S = 32,06; O = 16,00.

344. Welches Atomgewicht für Sauerstoff fanden Berzelius und Dulong im Jahre 1819, wenn sie bei der Verbrennung von reinem Wasserstoff in glühendem Kupferoxid 30,519 g Wasser erhielten, das Kupferoxyd 27,129 g an Gewicht verlor und das Atomgewicht des Wasserstoffs gleich 1 gesetzt wurde?

345. Wie groß ist das Atomgewicht von Blei, wenn 20 g $PbCl_2$ 15,53 g Silber zur Bildung von AgCl erfordern? Cl = 35,5; Ag = 107,9.

346. Zur Bestimmung des Atomgewichts von Silber reduzierte Stas zunächst Kaliumchlorat zu Kaliumchlorid; zu 22,3500 g dieses Körpers setzte er dann eine Menge einer Silberlösung, die 32,3428 g Silber enthielt. Wie groß war das gesuchte Atomgewicht, wenn das Molekulargewicht von Kaliumchlorid anderweitig zu 74,5902 gefunden wurde?

347. Bei der Analyse von 12,784 g Silberchromat (Ag_2CrO_4) wurde durch Zersetzen mit Salzsäure 11,026 g Silberchlorid und durch Reduktion der Chromsäure mit Alkohol 2,943 g Chromoxid erhalten. Welches Atomgewicht für Chrom läßt sich hieraus berechnen?

348. Die Gleichung $A = Z\ (2 + 0{,}007\ Z)$ gestattet, das Atomgewicht A aus der Ordnungszahl Z (Nummer im Periodensystem) angenähert zu berechnen. Man prüfe die Gleichung für Z = 10, 20, 30, 40, Ne, Ca, Zn, Zr.

XVII. Bestimmung von Molekulargewichten durch chemische Mittel

349. Bei der Analyse einer organischen Säure fand man 26,1% C; 4,35% H; 69,55% O; bei der Analyse ihres Silbersalzes 7,84% C; 0,65% H; 20,92% O; 70,59% Ag. Welches ist die Molekularformel für die Säure, wenn sie wegen ihrer Salzbildung als einbasisch zu betrachten ist?

350. Die Analyse der Benzoesäure ergab 68,9% C; 4,9% H; 26,2% O; ihr Silbersalz enthielt 47,1% Ag. Welches ist die Molekularformel der Säure, wenn sie wegen ihrer Salzbildung als einbasisch zu betrachten ist?

351. Die Essigsäure enthält 40% C; 6,6% H und 53,4% O; ihr Silbersalz 64,7% Ag. Welches ist ihre Molekularformel, wenn sie nur neutrale Salze zu bilden vermag?

352. Die Analyse der Milchsäure ergibt dieselbe Zusammensetzung wie die Essigsäure in der vorigen Aufgabe; ihr Silbersalz enthält 54,8% Ag. Welches ist ihre Molekularformel, wenn sie nur neutrale Salze zu bilden vermag?

353. Die Weinsäure besteht aus 32% C; 4% H und 64% O; sie gibt mit Kaliumazetatlösung einen kristallinischen Niederschlag von saurem Kaliumtartrat, das 25,53% C und 2,67% H enthält. Welches ist die Molekularformel der Säure, wenn sich außer diesem sauren und dem neutralen Salz ein anderes Salz nicht darstellen läßt?

354. Welches ist die Molekularformel der Bernsteinsäure, die 40,68% C; 5,08% H und 54,24% O enthält, wenn das neutrale Natriumsalz im wasserfreien Zustande 28,4% Na; das saure Natriumsalz hingegen nur 16,4% Na enthält und andere Salze der Säure sich nicht darstellen lassen?

355. Eine einsäurige organische Base besteht aus 77,4% C; 7,5% H und 15,1% N. Ihr Chlorhydrat enthält 56% C. Welche Formel kommt ihr zu?

356. Welches ist die Formel für Toluidin, das aus 78,4% C; 8,5% H; 13,1% N besteht, wenn 2,8614 g reines Chlorhydrat mit Silbernitratlösung 2,8593 g AgCl geben und die Salze des Toluidins es als einsäurige Base zu erkennen geben?

357. Welche Formel kommt dem Hydrazin zu, das 87,4% N und 12,6% H enthält, wenn das neutrale Chlorhydrat 67,41% Cl, das saure Chlorhydrat dagegen 51,86% Cl enthält und weitere Salze nicht darzustellen sind?

358. Die Analyse des Toluols ergibt 91,2% C und 8,8% H; durch Einwirkung von Brom auf dasselbe entsteht als erstes Substitutionsprodukt ein Körper, der aus 49,1% C; 4,1% H und 46,8% Br besteht. Welche Formel kommt demnach dem Toluol zu?

359. Das Chlorhydrat des Toluidins gibt mit Platin(IV)-chlorid eine dem Ammoniumhexachloroplatinat $(NH_4)_2[PtCl_6]$ analog zusammengesetzte Verbindung, von welcher 0,934 g beim Glühen 0,2916 g metallisches Platin zurücklassen. Welches Molekulargewicht ergibt sich daraus für Toluidin?

XVIII. Maßanalyse

a) Alkalimetrie

360. Wieviel g Oxalsäure $(COOH)_2 + 2\,H_2O$ müssen zur Herstellung von 500 ccm Normallösung abgewogen werden?

361. Wieviel g Ätznatron, Ätzkali, Natriumkarbonat, Schwefelsäure, Kaliumpermanganat, Kaliumjodid, Silbernitrat sind in 1 l Normallösung enthalten?

362. Zur Herstellung einer Zehntelnormallösung von Natriumkarbonat führt man Natriumhydrogenkarbonat, das mit kaltem Wasser ausgewaschen und dann getrocknet ist, durch gelindes Glühen in Natriumkarbonat über. Auf wieviel ccm müssen 1,4 g dieses Salzes mit Wasser gelöst werden?

363. Wieviel ccm Wasser muß man zu 380 ccm einer Natronlauge, von der 20 ccm durch 32,5 ccm Normaloxalsäure neutralisiert werden, zusetzen, damit eine Normallösung von Natriumhydroxid entsteht?

364. Wieviel Prozent Natriumhydroxid enthalten 22 g Natronlauge, zu deren Neutralisation 15,2 ccm Normalsalzsäure erforderlich sind?

365. Wieviel Prozent Kaliumkarbonat sind in einer Pottasche enthalten, von der 7 g durch 65 ccm Normalschwefelsäure neutralisiert werden?

366. Wieviel Prozent Natriumkarbonat enthalten a g Sodalösung, die zur Neutralisation b ccm Zehntel-Normal-Bariumchloridlösung erfordern? Beispiel: a = 3,2 g; b = 68 ccm.

367. Nach dem deutschen Arzneibuche sollen zur Neutralisation von 100 ccm Kalkwasser nicht weniger als 4 und nicht mehr als 4,5 ccm Normalsäure erforderlich sein. Wieviel g Kalziumhydroxyd sollen demnach in 100 ccm enthalten sein?

368. 2,5 g festes Kaliumhydroxid werden in Wasser gelöst und auf 200 ccm verdünnt; 50 ccm dieser Lösung erfordern zur Sättigung 10,7 ccm Normalschwefelsäure. Wieviel g Kalium sind in den 2,5 g enthalten?

369. 25 ccm einer Natronlauge vom spezifischen Gewicht 1,170 erfordern zur Neutralisation 109,68 ccm Normalschwefelsäure. Wieviel Prozent NaOH sind in der Lauge enthalten?

370. Um den Gehalt käuflicher kristallisierter Soda ($Na_2CO_3 + 10\,H_2O$) an Alkali festzustellen, wurden 0,80 g in Wasser gelöst, Methylorange zugesetzt und mit Zehntel-Normal-Salzsäure titriert. Hierbei wurden 54,6 ccm verbraucht. Wieviel wasserfreies Natriumkarbonat enthielt die Soda?

371. 25 ccm einer Sodalösung vom spezifischen Gewicht 1,035 erfordern zur Neutralisation 18,88 ccm Normalschwefelsäure. Wieviel Prozent Na_2CO_3 sind in der Lösung enthalten?

372. Um in einer Ätznatron enthaltenden Rohsoda den Gehalt an Natriumhydroxyd und Natriumkarbonat zu ermitteln, wurden 10 g in Wasser gelöst und auf 100 ccm verdünnt; dann wurden 25 ccm der Lösung mit Normalschwefelsäure titriert, von der 16,98 ccm verbraucht wurden. Andere 25 ccm der Lösung wurden zur Abscheidung der Kohlensäure mit Bariumchloridlösung versetzt, das Ganze mit Phenolphthalein gefärbt und mit Zehntelnormaloxalsäure titriert;

hiervon brauchte man 55,64 ccm. Welches war die Zusammensetzung der Soda?

373. Zur Bestimmung des Ammoniakgehalts von Salmiakgeist vom spez. Gewicht 0,910 mißt man 2 ccm davon ab, setzt 30 ccm Normalsalzsäure zu, fügt Methylorange bei und titriert die überschüssige Säure mit Zehntel-Normal-Natronlauge zurück, von der 32,3 ccm verbraucht werden. Wieviel Prozent NH_3 sind in der Flüssigkeit?

b) Azidimetrie

374. Zur Untersuchung einer Schwefelsäure wog man 0,9992 g wasserfreies Natriumkarbonat ab und neutralisierte es mit 97,4 ccm der Säure. Welches ist der Titer der Säure (d. h. das Gewicht von H_2SO_4 in 1 ccm Lösung)?

375. Aus einer Schwefelsäure, die 4 g H_2SO_4 in 805 ccm Lösung enthält, soll eine Zehntelnormallösung hergestellt werden. Mit wieviel Wasser muß man verdünnen?

376. Nach dem deutschen Arzneibuch sollen zur Neutralisation von 10 ccm Essig 10 ccm Normalkalilauge erforderlich sein. Wieviel Prozent Essigsäure soll der Essig demnach enthalten, wenn sein spezifisches Gewicht gleich 1 ist?

377. 12,8 ccm Normaloxalsäure sättigen 10 ccm einer Alkalilauge. Wieviel von letzterer muß man zu 1 l auffüllen, um eine Normallauge zu erhalten?

378. Wieviel ccm Normalnatronlauge erfordern 20 g eines Weinessigs, der 8% Essigsäure enthält, zur vollständigen Neutralisation?

379. Welches ist der Prozentgehalt einer Salzsäure vom spezifischen Gewicht 1,205 bei 15°, von der 10 ccm 136,2 ccm Normalnatronlauge zur Neutralisation brauchen?

380. Das deutsche Arzneibuch schreibt vor, daß zum Neutralisieren von 5 ccm Ameisensäure 28—29 ccm Normal-

kalilauge erforderlich sind. Wievielprozentig ist die Ameisensäure, wenn ihr spezifisches Gewicht 1,060 bis 1,063 beträgt?

381. 8,2480 g Natriumhydrogensulfat wurden in Wasser aufgelöst, auf 100 ccm verdünnt und mit 68,18 ccm Normallauge neutralisiert. Wieviel Prozent saures Natriumsulfat enthielt das Salz?

382. Wieviel Prozent Ameisensäure dürfen nach dem deutschen Arzneibuch im gereinigten Honig höchstens enthalten sein, wenn 10 g nach dem Verdünnen mit Wasser nicht mehr als 0,4 ccm Normalkalilauge erfordern sollen?

383. Durch Mischung zweier Natronlaugen von verschiedener Stärke soll eine Normallauge hergestellt werden. Von der ersteren sättigen 12,5 ccm 10 ccm, von der zweiten 8,2 ccm 10 ccm Normaloxalsäure. Wieviel ccm der letzteren Lauge sind zu 250 ccm der ersteren zuzusetzen?

384. Wieviel Volumina Chlorwasserstoffgas von 15° und 760 mm Druck sind in einem Volumen Wasser gelöst worden, wenn 10 ccm der wässerigen Säure (spez. Gew. 1,205) 136,2 ccm Normalnatronlauge zur Neutralisation brauchen?

385. 5 ccm Formaldehydlösung vom spezifischen Gewicht 1,081 werden in ein Gemisch von 20 ccm Wasser und 10 ccm 10prozentiger Ammoniaklösung vom spezifischen Gewicht 0,96 eingetragen, darauf 20 ccm Normalsalzsäurelösung mit einigen Tropfen Rosolsäurelösung zugesetzt und endlich die überschüssige Säure bis zum Eintritt der Rosafärbung mit Normalkalilauge zurücktritiert, von der 4 ccm verbraucht werden. Wieviel Prozent Formaldehyd enthält die Lösung?

386. Zur Untersuchung des Kohlensäuregehalts der Luft werden 120 l Luft im Normalzustand durch 400 ccm einer Zehntel-Normal-Bariumhydroxydlösung geleitet; darauf wird diese filtriert: die filtrierte Lösung erfordert zur Neutralisation 38,39 ccm Normalsalzsäure. Wieviel Volumprozent CO_2 enthält die Luft?

c) Permanganatlösung

387. Wieviel g Kaliumpermanganat müssen zu 1 l aufgelöst werden, damit man eine Zehntel-Normal-Permanganatlösung erhält, die auf 1 Grammatom Wasserstoff eingestellt ist?

388. Zur Urprüfung einer Zehntel-Normal-Permanganatlösung, die durch Auflösen von 3,16 g Kaliumpermanganat in nicht ganz 1 l Wasser dargestellt wurde, löste man 0,44 g rostfreien Eisendraht, in dem 0,4% Kohlenstoff angenommen wurde, in verdünnter Schwefelsäure unter Abschluß des Luftsauerstoffs auf. Die erhaltene Eisen(II)-sulfatlösung wurde mit der Permanganatlösung titriert, wobei man bis zur bleibenden Rotfärbung 71,24 ccm brauchte. Mit wieviel ccm Wasser sind die benutzten 825 ccm Permanganatlösung zu verdünnen?

389. Aus einer Permanganatlösung soll durch Zusatz von Wasser eine Zehntelnormallösung hergestellt werden. Um die Menge des erforderlichen Wassers zu finden, wurden 0,062 g wasserfreie Oxalsäure zu 100 ccm in Wasser aufgelöst und 10 ccm dieser Lösung bei Gegenwart von Schwefelsäure mit der Permanganatlösung bis zur Rotfärbung titriert, wobei man 12,42 ccm brauchte. Wieviel Wasser mußte man zu 512 ccm der Permanganatlösung zusetzen?

390. (Eisenbestimmung). 0,912 g Spateisenstein wurden in verdünnter überschüssiger Schwefelsäure unter Abschluß des Luftsauerstoffs aufgelöst; zu der abgekühlten Lösung setzte man 56,24 ccm einer Zehntel-Normal-Permanganatlösung, bis die rote Farbe nicht mehr verschwand. Wieviel Prozent Eisen enthielt das Erz?

391. (Eisenbestimmung.) 0,7248 g Roheisen wurden unter Luftabschluß in verdünnter Schwefelsäure aufgelöst und die Lösung auf 250 ccm verdünnt; man tat 25 ccm hiervon in ein Becherglas, verdünnte und setzte aus einer Bürette unter stetem Umrühren 12,10 ccm Zehntel-Normal-Perman-

ganatlösung zu, bis der letzte Tropfen eine schwache Rötung bewirkte. Wievielprozentig war das Roheisen?

392. (Eisenbestimmung.) Zur Bestimmung des Eisengehalts in einem Roteisensteins wurden 0,5280 g in Schwefelsäure, der einige Tropfen Salpetersäure zugesetzt waren, aufgelöst, das entstehende Eisen(III)-sulfat wurde durch naszierenden Wasserstoff reduziert, indem man in die heiße Lösung einige Stunden lang an einem Platindraht ein Stück reines amalgamiertes Zink hängte, bis ein Tropfen der Lösung mit Kaliumrhodanidlösung keine wahrnehmbare rote Färbung mehr hervorbrachte. Dann setzte man 51,2 ccm Zehntel-Normal-Permanganatlösung zu, bis der letzte Tropfen eine schwache Rötung bewirkte. Wieviel Eisen war in dem Erz enthalten?

393. (Manganbestimmung.) 0,0452 g kristallisiertes Man gansulfat wurde in einem halben Liter Wasser aufgelöst mit einigen Gramm kristallisierten Zinksulfats versetzt, im Wasserbade zum Sieden erhitzt und zu der Lösung 5,48 ccm Zehntel-Normal-Permanganatlösung gesetzt, bis die Flüssigkeit bleibend gerötet erschien. Wieviel Prozent Mangan waren in dem Salze enthalten?

394. (Mangandioxidbestimmung.) Um den Gehalt eines Braunsteins an Mangandioxid zu bestimmen, wurden zu 0,254 g Braunstein 2,315 g Ammoniumeisen(II)-sulfat $(NH_4)_2Fe(SO_4)_2 + 6\,H_2O$ mit verdünnter Schwefelsäure hinzugefügt und erwärmt. Zur Oxydation des noch in der Lösung vorhandenen Restes von Eisen(II)-salz mußte man noch 15,4 ccm Zehntel-Normal-Permanganatlösung zusetzen. Wieviel Prozent Mangandioxid waren im Braunstein enthalten?

395. (Wasserstoffperoxidbestimmung.) 2 ccm Wasserstoffperoxidlösung werden mit etwas verdünnter Schwefelsäure versetzt und in einem Kolben mit 35,3 ccm Zehntel-Normal-Permanganatlösung titriert, bis Rotfärbung eintritt. Wieviel Prozent Wasserstoffperoxid enthält die Lösung, wenn deren spezifisches Gewicht 1,01 ist?

396. (Oxalsäurebestimmung.) 10 ccm einer Oxalsäurelösung vom spezifischen Gewicht 1 erfordern beim Titrieren 27,33 ccm Zehntel-Normal-Permanganatlösung bis zur bleibenden Rotfärbung. Wieviel Prozent wasserfreie Oxalsäure enthält die Lösung?

d) Jodometrie

397. Wieviel g Jod enthalten 125 ccm einer Zehntel-Normal-Jodlösung?

398. Wieviel g kristallisiertes Natriumthiosulfat müssen zu 1 l bei der Herstellung einer Zehntelnormallösung aufgelöst werden?

399. Wieviel Prozent kristallisiertes Natriumthiosulfat enthalten 25 ccm einer Lösung vom spezifischen Gewicht 1,444, die 29,98 ccm einer Normal-Jodlösung beim Titrieren erfordern?

400. 0,624 g reines kristallisiertes Zinn(II)-chlorid wurden in Wasser aufgelöst und auf 100 ccm verdünnt. Darauf wurden 10 ccm der Lösung mit einer Pipette abgefüllt, verdünnt und unter Zusatz von Salzsäure mit Zehntel-Normal-Jodlösung titriert; man brauchte 5,52 ccm derselben. Mit wieviel Molekülen Wasser kristallisiert Zinn(II)-chlorid?

401. 2 ccm einer käuflichen Jodtinkturlösung vom spezifischen Gewicht 0,830 wurden mit Alkohol verdünnt und mit einer Zehntel-Normal-Thiosulfatlösung titriert, von der 13,07 ccm gebraucht wurden. Wievielprozentig war die Jodtinktur?

402. Wieviel Prozent Chlor enthielt ein Chlorwasser, von dem 10 g, in Kaliumjodidlösung gegossen, zur Bindung des abgeschiedenen Jods 14,1 ccm Zehntel-Normal-Thiosulfatlösung erforderten?

403. 7,24 g Chlorkalk wurden mit Wasser zu einem feinen Brei verrieben, in einen Meßkolben von 250 ccm gefüllt, bis zur Marke verdünnt und 25 ccm der Lösung in ein Becherglas pipettiert, das Kaliumjodidlösung enthielt. Nach Zusatz von

Chlorwasserstoffsäure wurde mit Zehntel-Normal-Thiosulfatlösung titriert, von der man 51,0 ccm brauchte. Wieviel Prozent wirksames Chlor können durch Säuren aus dem Chlorkalk freigemacht werden?

404. 5,8 g Chlorkalk wurden mit Wasser verrieben, auf 500 ccm verdünnt und 50 ccm in ein Kaliumjodidlösung enthaltendes Becherglas gefüllt. Dann wurde die Lösung mit Salzsäure schwach angesäuert und, nach Zusatz von Stärkelösung, mit Zehntel-Normal-Thiosulfatlösung titriert, wobei 48,03 ccm verbraucht wurden. Wieviel l Chlorgas von 0° und 760 mm Druck würde 1 kg Chlorkalk liefern?

405. Um den Gehalt einer wässerigen Lösung von Schwefeldioxid vom spezifischen Gewicht 1,023 bei 15° zu ermitteln, titriert man mit derselben 50 ccm Zehntel-Normal-Jodlösung, die mit etwas Stärke blaugefärbt ist. Bei Beendigung der Reaktion waren 2,55 ccm der Schwefeldioxidlösung verbraucht. Wievielprozentig war die Lösung?

406. Um den Gehalt der durch Rösten von Kiesen entstehenden Röstgase an Schwefeldioxid zu ermitteln, bringt man in eine Waschflasche 25 ccm Zehntel-Normal-Jodlösung und Stärkekleister, verbindet die Flasche mit einem mit Wasser gefüllten Aspirator und saugt mittels desselben die Röstgase so lange durch die Flasche, bis Entfärbung der Jodlösung eintritt. Das Volumen des abgelaufenen Wassers, das in einem Meßzylinder aufgefangen wird, beträgt 592,2 ccm; seine Temperatur ist 24°, der Barometerstand 748 mm. Wieviel Volumprozente Schwefeldioxyd enthielten die Röstgase?

407. Nach der Vorschrift des deutschen Arzneibuches sollen 10 ccm einer aus 0,5 g arseniger Säure und 3 g Natriumhydrogenkarbonat in 20 ccm siedenden Wassers bereiteten und nach dem Erkalten auf 100 ccm verdünnten Lösung 10 ccm Zehntel-Normal-Jodlösung entfärben. Wieviel g As_2O_3 müssen in 100 g der arsenigen Säure mindestens enthalten sein?

408. Um den Gehalt des sogenannten Giftmehls, das sich bei der Schwefelsäurefabrikation beim Rösten arsenhaltiger, sulfidischer Erze der Schwermetalle bildet, an Arsentrioxid zu bestimmen, wurden 0,24 g des Giftmehles abgewogen, in Kalilauge gelöst und mit Zehntel-Normal-Jodlösung titriert, wobei 24,4 ccm verbraucht wurden. Wievielprozentig war die Probe?

409. Wieviel g Arsentrioxid sollen nach dem deutschen Arzneibuche in 100 ccm Fowlerscher Lösung (Lösung von $KAsO_2$) enthalten sein, wenn 10 ccm derselben, mit einer Lösung von Natriumhydrogenkarbonat und einigen Tropfen Stärkelösung versetzt, bei Zusatz von 20 ccm Zehntel-Normal-Jodlösung noch keine Blaufärbung ergeben, wohl aber auf weiteren Zusatz von 0,2 ccm?

410. Zur Bestimmung des Eisens im Eisensalmiak, einem Gemenge von Ammoniumchlorid und Eisen(III)-chlorid, löst man 1 g Eisensalmiak in 10 ccm Wasser und 2 ccm Salzsäure auf, versetzt die Lösung mit 2 g Kaliumjodid und tritiert nach einiger Zeit mit Zehntel-Normal-Thiosulfatlösung, von der zur Bindung des ausgeschiedenen Jods 4,4 ccm erforderlich sind. Wieviel Prozent Eisen enthält das Präparat?

e) Fällungsmethoden

411. Wieviel g Kochsalz sind in 25 ccm einer Zehntel-Normal-Kochsalzlösung enthalten?

412. Welches ist der Faktor von Zehntel-Normal-Kochsalzlösung a) für Silber, b) für Silbernitrat?

413. Wieviel g Silbernitrat sind in 1 l Zehntel-Normal-Silberlösung enthalten?

414. Welches ist der Faktor von Zehntel-Normal-Silberlösung a) für Kochsalz, b) für Chlor, c) für Salzsäure?

415. Auf 20 ccm einer zu untersuchenden Kochsalzlösung werden 17 ccm Zehntel-Normal-Silberlösung bis zum

Aufhören des Niederschlags gebraucht. Wieviel Prozent Kochsalz enthält die Lösung?

416. Auf 10 ccm einer Kochsalzlösung vom spezifischen Gewicht 1,081 werden 203,2 ccm Zehntel-Normal-Silberlösung bis zum Aufhören des Niederschlags gebraucht. Wievielprozentig ist die Kochsalzlösung?

417. Zur Bestimmung des Silbergehalts löst man eine Münze vom Gewicht 1,11 g in Salpetersäure und versetzt die Lösung so lange mit Zehntel-Normal-Kochsalzlösung, bis noch ein Niederschlag entsteht; 22,45 ccm werden hierbei verbraucht. Welches ist der Feingehalt der Münze?

418. Nach dem „Arzneibuch für das Deutsche Reich" sollen 20 ccm Essig (eine 6prozentige Lösung von reiner Essigsäure) und 1 ccm Zehntel-Normal-Silbernitratlösung ein Filtrat geben, das durch Silbernitratlösung nicht mehr verändert wird. Wieviel g Chlorwasserstoff dürfen demnach in 1 l Essig höchstens enthalten sein?

419. Nach dem deutschen Arzneibuche sollen 10 ccm der wässerigen Lösung des bei 100° getrockneten Ammoniumbromids, von dem 3 g zu 100 ccm aufgelöst sind, nach Zusatz einiger Tropfen Kaliumchromatlösung nicht mehr als 30,9 ccm Zehntel-Normal-Silberlösung bis zur bleibenden Rötung erfordern. Wieviel ccm Zehntel-Normallösung würden erforderlich sein, wenn das Präparat reines Ammoniumbromid enthielte? Wieviel Prozent Gehalt an Ammoniumchlorid gestattet das Arzneibuch in 100 Teilen Ammoniumbromid?

XIX. Indirekte Analyse

420. 1,8440 g eines Gemisches von Kaliumchlorid und Kaliumsulfat gaben beim Abrauchen mit konzentrierter Schwefelsäure 1,9233 g reines Kaliumsulfat. Wieviel enthielt das Gemisch von jedem Bestandteil?

421. In einem Gemenge von Natriumchlorid und Natriumsulfat, das a g wiegt, soll das Mischungsverhältnis dadurch

ermittelt werden, daß man das Gemisch mit konzentrierter Schwefelsäure abraucht, wobei man b g Sulfat erhält. Wie ist das Gemisch zusammengesetzt? Beispiel: a = 3,2460 g; b = 3,5160 g.

422. Ein Gemisch von Kaliumchlorid und Kaliumbromid wiegt 1,5334 g; es wird mit Schwefelsäure abgeraucht, wobei 1,3807 g Sulfat entstehen. Wie groß ist der Prozentgehalt des Gemisches an beiden Salzen?

423. 0,8 g eines Gemisches von Kaliumbromid und Kaliumchlorid werden in eine schwer schmelzbare, gewogene Kugelröhre gebracht und in einem Strome getrockneten Chlorgases bis zur Gewichtskonstanz erhitzt. Das Gewicht des Gemisches beträgt nunmehr 0,6792 g. Wie war das Gemisch zusammengesetzt?

424. Ein Gemisch von Natriumchlorid und Natriumjodid vom Gewicht 1,2 g wird in einem Strom getrockneten Chlorgases bis zur Gewichtskonstanz erhitzt. Das Gemisch wiegt nunmehr 1,028 g. Welches ist seine Zusammensetzung?

425. Ein Gemisch von Kaliumchlorid und Kaliumbromid vom Gewicht 0.5026 g wird zu 100 ccm in Wasser aufgelöst und 25 ccm der Lösung werden mit einer Zehntel-Normal-Silbernitratlösung titriert, von der 15,2 ccm verbraucht werden. Wie ist das Gemisch zusammengesetzt?

426. 1,21 g einer Mischung von Natriumchlorid und Natriumbromid werden in Wasser zu 300 ccm gelöst und 40 ccm der Lösung mit einer Zehntel-Normal-Silberlösung titriert, wobei 23,1 ccm verbraucht werden. Wieviel g jedes Salzes waren in dem Gemisch?

427. Man fällt 1,0230 g eines Gemisches von Kaliumbromid und Kaliumchlorid mit Silbernitrat und findet das Gemisch des getrockneten Gemenges Silberchlorid und Silberbromid gleich 1,8345 g. Welches ist die Zusammensetzung des Gemisches?

428. a g eines Gemisches von Natriumchlorid und Natriumbromid werden mit Silbernitratlösung gefällt und das Gewicht des getrockneten Gemisches von Silberchlorid-bromid gleich b g gefunden. Welches ist die Zusammensetzung des Gemisches? Beispiel: a = 1,8550 g; b = 4,1516 g.

429. Ein Gemisch von Kaliumbromid und Kaliumchlorid wiegt 0,4152 g. Es wird in Wasser gelöst und durch Silbernitratlösung Silberchlorid-bromid gefällt. Dieses Gemisch der Silberhalogenide wird im Wasserstoffstrom bis zur Gewichtskonstanz zu metallischem Silber reduziert. Das Gewicht desselben beträgt 0,5076 g. Welches ist die Zusammensetzung des Gemisches.

430. a g eines Gemisches von Natriumchlorid und Natriumbromid werden in Wasser gelöst, durch Silbernitratlösung gefällt und das Gemisch der Silberhalogenide durch Wasserstoff zu metallischem Silber reduziert, dessen Gewicht b g beträgt. Welches ist die Zusammensetzung des Gemisches? Beispiel: a = 1,32 g; b = 2,09 g.

431. Aus einer Chlor und Brom nebeneinander enthaltenden Lösung erhielt man durch Fällung mit Silbernitrat ein Gemisch von Silberchlorid-bromid, dessen Gewicht 1,164 g betrug. Durch Überleiten von Chlor über das in einer Kugelröhre erhitzte Gemisch erhielt man 0,931 g Silberchlorid. Wieviel g Chlor und Brom enthielt die Lösung?

432. Um den Chlorgehalt eines käuflichen Broms zu bestimmen, trägt man 1,5 g desselben in Kaliumjodidlösung ein; die Lösung wird auf 150 ccm verdünnt; die Menge des durch das Gemisch beider Halogene ausgeschiedenen Jods bestimmt man maßanalytisch mit Natriumthiosulfat, das mit Jod Natriumtetrathionat $Na_2S_4O_6$ bildet. 15 ccm der Lösung, verdünnt auf 150 ccm, werden titriert mit Zehntel-Normal-Thiosulfatlösung, von der 19,4 ccm verbraucht werden. Wieviel Prozent Chlor war in der Lösung?

433. Eine abgewogene Menge (4 g) einer Legierung aus Zinn und Blei wird durch Glühen an der Luft oxydiert und darauf das Gewicht des Gemenges von Zinn(IV)-oxid und Blei(II)-oxid bestimmt (4,694 g). Welches ist die prozentuale Zusammensetzung der Legierung?

434. Es sollen die im Dolomit enthaltenen Mengen von Kalziumkarbonat und Magnesiumkarbonat ermittelt werden. Zu dem Zwecke wiegt man 2,76 g Dolomit ab und glüht, bis alles Kohlendioxid ausgetrieben ist; der Rückstand wiegt 1,44 g.

435. Es werden 2,391 g eines Gemenges von Kalziumkarbonat und Magnesiumkarbonat mit Schwefelsäure behandelt, worauf man 3,333 g Sulfat erhält. In welchem Verhältnis kommen die beiden Bestandteile in dem Gemenge vor?

436. Ein Gemisch von Natriumkarbonat und Kaliumkarbonat vom Gewichte 2,3625 g wird mit Schwefelsäure behandelt. Nach dem Glühen der Sulfate hinterbleibt ein Rückstand von 3,021 g. Welches war die Zusammensetzung des Gemisches?

437. Ein Gemisch von Ätznatron und Ätzkali wiegt 3,58 g; es wird mit Salzsäure behandelt und das Gewicht der Chloride zu 5,04 g gefunden. Wie war das Gemisch zusammengesetzt?

438. Wieviel Prozent Blei und Antimon enthält das Letternmetall, wenn 2,5 g desselben nach der Auflösung in Salpetersäure und darauffolgendem Eindampfen und Glühen einen Rückstand von 2,786 g eines Gemisches von Blei(II)-oxid und Antimon(IV)-oxid geben?

439. Ein Gemisch von Kohlendioxid und Kohlenoxid nimmt bei 0° und 760 mm Druck einen Raum von 15 l ein und wiegt 27,18 g. Wieviel Liter der beiden Gase sind in dem Gemisch enthalten?

440. Um in einer Mutterlauge das Gewichtsverhältnis von Brom und Chlor zu bestimmen, fällt man beide durch

Silbernitrat und bestimmt das Gewicht des getrockneten Niederschlags zu 1,520 g; dieser wird in eine Kugelröhre gebracht, durch die ein Chlorstrom geleitet wird. Der Gewichtsverlust beträgt 0,087 g. In welchem Verhältnis kommen Brom und Chlor in der Mutterlauge vor?

441. Der Kochsalzgehalt eines Gemenges von Natriumchlorid und Kaliumchlorid wird in der Technik häufig nach folgender Methode bestimmt: Man gibt in ein Becherglas 200 g Wasser und bestimmt seine Temperatur mit einem empfindlichen Thermometer; dann schüttet man 50 g des fein verriebenen Salzes, das die Temperatur des Wassers haben muß, hinein, bewirkt die schnelle Lösung durch Umrühren und liest die Temperatur wieder ab. Reines Kaliumchlorid erniedrigt die Temperatur um 11,4°, reines Natriumchlorid um 1,9°. Bei einem Versuch betrug die Temperaturerniedrigung 9°; wieviel Prozent der Salze waren im Gemisch enthalten?

442. 5 g Weichlot werden in Salpetersäure aufgelöst, darauf wird die Lösung eingedampft und der Rückstand geglüht. Das Gemisch aus Zinn(IV)-oxid und Blei(II)-oxid wiegt 5,865 g. Wieviel Prozent der beiden Metalle enthält das Weichlot?

XX. Aufgaben über Sprengstoffe

Vor Lösung der Aufgaben beachte die folgenden Begriffsbestimmungen und Gedankengänge, bei denen die Mengen des Sprengstoffs stets in kg, die Gasvolumina in l, die Temperaturen in Celsiusgraden ausgedrückt werden:

1. $\alpha = \frac{1}{273}$ ist der Ausdehnungskoeffizient der Gase.

2. v_0 ist das auf den Normalzustand (0° und 1 Atmosphäre) zurückgeführte Volumen der aus 1 kg Sprengstoff entwickelten Explosionsgase; v_0 ist für jeden Sprengstoff eine charakteristische Konstante.

3. m ist die Menge in kg des zur Explosion gelangenden Sprengstoffs.

4. v ist der Raum in l, in dem die Explosion stattfindet; in der Praxis ist v der Rauminhalt des Sprengloches; explodiert der Körper „im eigenen Raume", so ist v gleich dem Quotienten aus der Masse und dem spezifischen Gewichte des Sprengstoffs.

5. Das Kovolumen a ist der kleinste Raum in l, auf den sich die aus 1 kg Explosionsstoff entstehenden Gasschwaden noch gerade zusammenpressen lassen, auch wenn der Druck beliebig vergrößert wird; eine weitere Zusammenpressung ist durch Erhöhung des Druckes nicht mehr erreichbar.

Man setzt bei Berechnungen $a = \frac{v_0}{1000}$.

6. u ist der Raum in l, den die aus 1 kg Explosionsstoff entstehenden festen Explosionsprodukte (mit der Masse μ) einnehmen. Man berechnet u als den Quotienten aus der Masse μ dieser Explosionsprodukte und ihrem spezifischen Gewicht.

7. Wenn der Rauminhalt des Sprengloches für m kg Sprengstoff gleich v ist (Nr. 4), so ist der tatsächliche Explosionsraum nur gleich $v - m(a + u)$.

8. Q ist die Anzahl Kalorien, die von 1 kg Sprengstoff bei der Explosion entwickelt werden; es bedeutet 1 kcal die Wärmemenge, die erforderlich ist, um 1 kg Wasser um 1° zu erwärmen.

9. t ist die Explosionstemperatur. Bedeutet c die mittlere spezifische Wärme der Sprenggase zwischen der Temperatur t und der Temperatur der Umgebung, so ist $Q = c \cdot t$. Hieraus findet man $t = \frac{Q}{c}$. Diese theoretisch berechnete Temperatur wird in Wirklichkeit kleiner sein aus folgenden Gründen: a) Die Größe Q wird vermindert durch Leitung und Strahlung. b) Die Größe c ist bei hohen Temperaturen nicht mit Sicherheit bekannt; doch ist sie zweifellos viel größer

als die für niedrige Temperaturen experimentell gefundenen Werte, wie sie in Tabellen angegeben werden. c) Die bei den hohen Explosionstemperaturen wahrscheinlich stattfindende Dissoziation der Sprenggasse – CO_2 in CO und O; H_2O in H_2 und O – vermindert die Größe Q; andererseits wirkt der Dissoziation entgegen der hohe Druck, unter dem die Sprenggase im Augenblick der Explosion stehen. Die Analyse der Sprenggase nach der Abkühlung braucht daher nicht für die Zusammensetzung der Sprenggase im Augenblick der Explosion maßgebend zu sein.

10. Spezifischer Druck f ist der Gasdruck, ausgedrückt in $\frac{kg}{cm^2}$, den die aus 1 kg Sprengstoff entstehenden und auf 1 l und auf die Temperatur 0° reduzierte Gasmenge gegen die Wandung des Raumes 1 l ausübt. f ist eine Funktion von v_0 (s. Nr. 2) und von t, deren Wert sich nach dem Boyle-Mariotte-Gay-Lussacschen Gesetz durch die Gleichung

$$f = v_0 \cdot 1{,}033\,(1 + \alpha t)$$

berechnen läßt.

11. Ladedichte δ ist der Quotient aus der Masse m des Sprengstoffs und dem Sprengvolumen v; $\delta = \frac{m}{v}$.

12. P ist der Gasdruck in $\frac{kg}{cm^2}$, der bei der Explosion von m kg Sprengstoff in einem für die Sprengung zur Verfügung stehenden Sprengraum von v l erzeugt wird. P läßt sich nach dem Boyle-Mariotte-Gay-Lussacschen Gesetz leicht berechnen; man findet

$$P = \frac{1{,}033 \cdot m \cdot v_0(1 + \alpha t)}{v - m\,(a + u)} = \frac{1{,}033 \cdot \delta \cdot v_0(1 + \alpha t)}{1 - \delta\,(a + u)} = \frac{f \cdot \delta}{1 - \delta\,(a + u)}.$$

443. Nach Noble und Abel geht die Zersetzung eines Schwarzpulvers, dessen Zusammensetzung der Formel $2\,KNO_3 + S + 3\,C$ entspricht, nach der Gleichung vor sich

$$10\,(2\,KNO_3 + S + 3\,C) = 6\,K_2CO_3 + K_2SO_4 + 3\,K_2S_3 + 14\,CO_2 + 10\,CO + 10\,N_2.$$

Es werden bei der Explosion von 1 kg dieses Pulvers, das das spezifische Gewicht 1,5 hat, Q = 577 Kalorien Wärme frei; die mittlere spezifische Wärme der Explosionsgase sei 0,24. Berechne nach diesen Angaben v_0, t und f. Berechne ferner den Druck P, wenn das Pulver in seinem eigenen Volumen explodiert und das mittlere spez. Gew. der festen Stoffe 2,4 ist. Wie groß ist die Ladedichte?

444. Berechne für Nitroglyzerin v_0, t und f unter der Voraussetzung, daß die Zersetzung nach der Gleichung Aufg. 227b erfolgt, die Verbrennungswärme von 1 kg Q = 1470 kcal und die durchschnittliche spezifische Wärme der Gase 0,4 beträgt. Berechne ferner den Druck P für den Fall, daß die Ladedichte 0,5 ist.

445. Nach den von Berthelot ausgeführten Analysen der Explosionsgase ist die Zersetzungsgleichung der Schießbaumwolle (11-fach nitrierte Zellulose)

$$2\,C_{24}H_{29}O_9(NO_3)_{11} = 30\,CO + 18\,CO_2 + 18\,H_2O + 11\,H_2 + 11\,N_2$$

Berechne unter der Annahme, daß die Verbrennungswärme von 1 kg 1040 kcal und die durchschnittliche spezifische Wärme der Gase 0,4 beträgt, die Werte für v_0, t und f.

XXI. Massenwirkung

446. Wirken äquimolare Mengen Eisessig und Alkohol aufeinander ein unter Bildung von Essigester und Wasser, so entsteht nur $^2/_3$ der theoretischen Menge Ester (experimentelle Erfahrung). Welcher Bruchteil der theoretischen Menge Wasser entsteht? Welche Bruchteile der angewandten Säure- und Alkoholmenge sind nachher ungenutzt im Reaktionsgemisch?

Berechne die Gleichgewichtskonstante der Reaktion.

447. Aus Eisessig und Alkohol soll Essigester mit 90%-iger Ausbeute dargestellt werden. Wieviele Mole Alkohol müssen pro Mol Eisessig angewandt werden?

448. Welche Esterausbeute ergibt sich, wenn 2 Mole Alkohol auf 1 Mol Eisessig einwirken?

449. Wieviel ccm (Normalzustand) Wasserstoff, Joddampf und Jodwasserstoff sind nach Einstellung des Gleichgewichts vorhanden, wenn man 20 ccm Wasserstoff und 5 ccm Joddampf (Normalzustand) bei 444,5° C aufeinander wirken läßt? Gleichgewichtskonstante für 444,5° C = 50,403.

XXII. Heßscher Wärmesatz

450. Bei Verbrennung von 1 g-Atom C zu CO_2 gibt das System 94,03 kcal ab, und bei Verbrennung von 1 Mol CO zu CO_2 67,63 kcal. Wie groß ist hiernach die experimentell nicht bestimmbare Reaktionswärme der Reaktion $C + 0{,}5\ O_2 = CO + x$ kcal?

451. Aus den Reaktionsgleichungen

1. $Zn + S = ZnS + a$ kcal;
2. $Zn + H_2SO_4 = ZnSO_4 + H_2 + b$ kcal;
3. $ZnS + H_2SO_4 = ZnSO_4 + H_2S + c$ kcal

soll die Reaktionswärme der Reaktion $H_2 + S = H_2S + x$ kcal hergeleitet werden. a = − 41,5 kcal b = − 39,3 kcal. c = − 2,6 kcal.

452. Aus den Reaktionsgleichungen

1. $4\ Mn_3O_4 + O_2 = 6\ Mn_2O_3 - 54$ kcal;
2. $3\ Mn + 2\ O_2 = Mn_3O_4 - 336{,}5$ kcal;
3. $Mn + Cl_2 = MnCl_2 - 111{,}99$ kcal

soll die Reaktionswärme x in

4. $2\ Mn_2O_3 + 4\ Cl_2 = 4\ MnCl_2 + 3\ O_2 + x$ kcal ermittelt werden.

453. Bei der Verbrennung von 1 Mol Acetylen in der Bombe wurde die Reaktionswärme von − 311,5 kcal gemessen

(bezogen auf konstantes Volumen und auf 18° C; Wasser flüssig).

Der in einem Mol C_2H_2 enthaltene Kohlenstoff (in der Form von Acetylenruß) liefert unter gleichen Verhältnissen für sich bei der Verbrennung – 189,5 kcal, der darin enthaltene Wasserstoff – 67,5 kcal.

Stelle die drei Gleichungen auf und bestimme durch Kombination die Bildungswärme des Acetylens.

454. Bestimme die Reaktionswärme der Reaktion C + 0,5 O_2 = CO + x kcal aus Tabellenwerten der molaren Bildungswärmen H[1]).

Stoff	H (kcal)
$C_{Graphit}$	0
O_2	0
CO	– 26,39
CO_2	– 94,03

Prüfe ebenso die Gleichung 1 und 2 der Aufgabe 450 nach.

455. Bestimme die Reaktionswärme der Reaktion H_2 + S = H_2S + x kcal aus den Tabellenwerten.

Stoff	H (kcal)
H_2	0
$S_{rhomb.}$	0
H_2S	– 4,8
Zn	0
ZnS	– 41,5
$ZnSO_4$	– 233,4
H_2SO_4 (fl.)	– 194,1

[1]) Die molare Bildungswärme H eines Stoffes (von Heizwert) ist die Reaktionswärme bei Bildung desselben aus den Elementen bei 25° C bzw. 298° Kelvin und 1 Atmosphäre. Vgl. Ulich-Jost, Kurzes Lehrbuch der physikalischen Chemie.

Prüfe die übrigen Gleichungen der Aufgabe 451 ebenso.

456. Bestimme die Reaktionswärmen der Reaktionen:

1. $2\,C + 2\,O_2 = 2\,CO_2$;
2. $H_2 + \frac{1}{2}\,O_2 = H_2O$;
3. $C_2H_2 + 2\frac{1}{2}\,O_2 = 2\,CO_2 + H_2O$
4. $2\,C + H_2 = C_2H_2$.

Vergleiche die nach der Tabelle berechneten Werte mit denen der Aufgabe 453.

Stoff	H (kcal)
$H_2O_{(g.)}$	– 57,798
$H_2O_{(fl.)}$	– 68,318
C_2H_2	+ 53,9

Die andern nötigen Werte siehe oben.

XXIII. Atomistik

457. Sauerstoff ist ein Gemisch der Isotope 15,9940, 16,9814 und 17,9981, die zu 99,76%, 0,04% und 0,20% in ihm enthalten sind. Berechne das mittlere Atomgewicht des Sauerstoffs (physikalisches Atomgewicht).

458. Bisher war die Einheit der Atomgewichte $^1/_{16}$ des Atomgewichts des Mischelelements. Sauerstoff hatte damit das Atomgewicht 16,000, Kohlenstoff das Atomgewicht 12,011. Jetzt ist dem 12 C-Nuklid das Atomgewicht 12,000 zugewiesen. Das neue Atomgewicht des Mischelements Kohlenstoff wird dadurch 12,010. Die bisherigen Atomgewichte verhalten sich zueinander wie die neuen.

Was folgt daraus für das neue Atomgewicht des Sauerstoffs?

459. Von einem radioaktiven Element seien zur Zeit $t = 0$ 200 Atome vorhanden. Pro Sekunde zerfallen $^1/_{10}$ der jeweils vorhandenen Atome. Berechne, wieviel Atome dann nach der 1., 2., 3. usw. Sekunde nur noch vorhanden sind. Nach wieviel Sekunden sind nur noch die Hälfte der Atome vorhanden? (Halbwertzeit).

460. Löse die vorige Aufgabe mit denselben Voraussetzungen, gehe aber von 100 Atomen aus. Welche Halbwertzeit wirc jetzt erhalten?

461. Beim Radium beträgt der Bruchteil der pro Jahr zerfallenden Atome $\varkappa = 0{,}000438$. Wieviel Promille von einer beliebigen Anzahl Radiumatomen zerfällt also pro Jahr?

462. Sind im Anfangszustand N_0 Atome vorhanden, nach der Zeit t nur noch N und beträgt der Bruchteil der in der Zeiteinheit zerfallenden Atome $\varkappa$, so gilt die Zerfallsgleichung: $-\log \text{nat} \frac{N}{N_0} = \varkappa \cdot t$. Durch Einführung der gewöhnlichen Logarithmen wird daraus:

$$-2{,}303 \cdot \log \frac{N}{N_0} = \varkappa t.$$

Berechne hieraus die Halbwertzeit des Radiums in Jahren, indem du $\frac{N}{N_0} = \frac{1}{2}$ setzt und für $\varkappa$ den in der vorigen Aufgabe gegebenen Wert benutzt.

463. Ein g Radium entwickelt bei seinem Zerfall pro Stunde 140 cal. Wieviel kcal entstehen, wenn es bis auf die Hälfte, also 0,5 g, zerfällt?

464. Das Atomgewicht A folgt in guter Näherung aus der Ordnungszahl Z nach $A = Z\ (2 + 0{,}007\ Z)$[1]. Berechne so die Atomgewichte von Ne, Ca, Zn, Zr (Z = 10, 20, 30, 40.)

---

[1]) Praxis d. Naturw. 9, 17 (1960)

Anhang

Ergebnisse

I. Aufgaben über Zerlegung und Zusammensetzung chemischer Verbindungen und über die Mengenverhältnisse aufeinander wirkender Körper

1. Aus der Gleichung HgO = Hg + O ergibt sich, daß man aus 1 Mol = 216,6 g Quecksilberoxid 1 Grammaton = 16 g Sauerstoff und 1 Grammaton = 200,6 g Quecksilber erhält.

1 g Quecksilberoxid liefert demnach $\frac{16}{216{,}6}$ g Sauerstoff und $\frac{200{,}6}{216{,}6}$ g Quecksilber; 25 g Quecksilberoxid geben endlich $\frac{25 \cdot 16}{216{,}6} = 1{,}847$ g Sauerstoff und $\frac{25 \cdot 200{,}6}{216{,}6} = 23{,}15$ g Quecksilber.

Einfacher als durch diese Dreisatzrechnung lassen sich stöchiometrische Aufgaben mit Hilfe von Proportionen lösen. Es seien x und y die gesuchten Mengen Sauerstoff und Quecksilber. Dann verhält sich 216,6 : 16 = 25 : x und 216,6 : 200 = = 25 : y; folglich

$$x = \frac{25 \cdot 16}{216{,}6} = 1{,}847 \text{ g und } y = \frac{25 \cdot 200{,}6}{216{,}6} = 23{,}15 \text{ g.}$$

2. $KClO_3 = KCl + 3\,O$; 122,6 : 48 = 10 : x; x = 3,915 g O.

3. $KClO_3 = KCl + 3\,O$; 48 : 122,6 = 12 : x; x = 30,64 g $KClO_3$

4. $BaO_2 = BaO + O$; 169,4 : 16 = 5 : x; x = 0,4723 g O.

5. 200 ccm = 0,2 · 1,293 g = 0,2586 g Luft enthalten 0,06 g O; 2 P + 5 O = P_2O_5; 80 : 62 = 0,06 : x; x = 0,0465 g P.
x 0,06g

6. $\underset{10\,g}{PbS} + \underset{x\,g}{4\,H_2O_2} = PbSO_4 + 4\,H_2O$; $239{,}3 : 136{,}1 = 10 : x$; $x = 5{,}689\,g\ H_2O_2$.

7. $\underset{x}{BaO_2} + 2\,HCl = BaCl_2 + \underset{20\,g}{H_2O_2}$; $34{,}02 : 169{,}4 = 20 : x$; $x = 99{,}59\,g\ BaO_2$.

8. 3 kg Lösung enthalten 0,9 kg NH_3; $NH_3 : NH_4Cl = 17{,}03 : 53{,}5 = 0{,}9 : x$; $x = 2{,}827\,kg\ NH_4Cl$.

9. 125 g Salpetersäure enthalten 75 g HNO_3; $\underset{x}{2\,KNO_3} + \underset{y}{H_2SO_4} = \underset{75\,g}{2\,HNO_3} + K_2SO_4$; $126 : 202{,}2 = 75 : x$; $x = 120{,}4\,g\ KNO_3$; $126 : 98{,}09 = 75 : y$; $y = 58{,}38\,g\ H_2SO_4$.

10. 38,67% K; 13,68% N; 47,47% O. – 1,602% H; 22,25% N; 76,15% O.

11. $KNO_3 : HNO_3 = 101{,}1 : 63{,}02 = 75 : x$; $x = 46{,}75\,g\ HNO_3$; $70 : 100 = 46{,}75 : y$; $y = 66{,}79$ g 70prozentige Salpetersäure.

12. $\underset{20\,g}{NH_4NO_3} = \underset{x}{N_2O} + 2\,H_2O$; $80{,}05 : 44{,}02 = 20 : x$; $x = 11\,g\ N_2O$.

13. 39,34% Na; 60,66% Cl.

14. $NaCl : HCl = 58{,}46 : 36{,}47 = 50 : x$; $x = 31{,}19\,kg\ HCl$ = 104 kg 30prozentige Salzsäure.

15. 450 l HCl wiegen $450 \cdot 1{,}63 = 734$ g; 1 l H_2O wiegt 1000 g. $1734 : 734 = 100 : x$; $x = 42{,}3\%$.

16. $\underset{x}{KBr} + \underset{y}{AgNO_3} = \underset{12\,g}{AgBr} + KNO_3$; $187{,}8 : 119 = 12 : x$; $x = 7{,}610\,g\ KBr$. $187{,}8 : 169{,}9 = 12 : y$; $y = 10{,}86\,g\ AgNO_3$.

17. $MnO_2 + \underset{x\,g}{2\,NaBr} + 3\,H_2SO_4 = MnSO_4 + 2\,NaHSO_4 + \underset{10\,g}{2\,Br} + 2\,H_2O$; $159{,}8 : 205{,}8 = 10 : x$; $x = 12{,}88\,g\ NaBr$.

18. $KJO_3 : KJ = 214 : 166 = 5 : x$; $x = 3{,}879\,g\ KJ$.

19. 250 g Flußsäure enthalten 100 g HF. $\underset{x}{CaF_2} + \underset{y}{H_2SO_4} = CaSO_4 + \underset{100\,g}{2\,HF}$; 40,02 : 78,07 = 100 : x; x = 195,1 g CaF_2. 40,02 : 98,09 = 100 : y; y = 245,1 g H_2SO_4.

20. In 10 kg Schwefelkies sind 9,2 kg FeS_2 enthalten. 120 : 64,14 = 9,2 : x; x = 4,917 kg S.

21. $BaSO_4 : H_2SO_4$ = 233,5 : 98,09 = 12 : x; x = 5,041 g H_2SO_4. 27 : 5,041 = 100 : y; y = 18,67%.

22. $CuO : H_2SO_4$ = 79,57 : 98,09 = 22 : x; x = 27,12 g H_2SO_4. 80 : 27,12 = 100 : y; y = 33,88%.

23. $\underset{x}{3\,Zn} + \underset{y}{2\,P} = \underset{50\,g}{Zn_3P_2}$; 258,2 : 196,1 = 50 : x; x = 37,98 g Zn. y = 12,02 g P.

24. 91,18% P und 8,82% H.

25. 50 kg Knochen enthalten 29 kg $Ca_3(PO_4)_2$. $Ca_3(PO_4)_2 : 2\,P$ = 310,3 : 62,08 = 29 : x; x = 5,802 kg P.

26. 100 : 58 = 30 : x; x = 17,4 kg $Ca_3(PO_4)_2$. $Ca_3(PO_4)_2 : 2\,P$ = 310,3 : 62,08 = 17,4 : x; x = 3,481 kg P.

27. $\underset{12\,g}{As_2O_3} + 3\,C = \underset{x\,g}{2\,As} + 3\,CO$; 197,9 : 149,9 = 12 : x. x = 9,090 g As

28. In 50 kg sind 30 kg Sb_2S_3 enthalten. $Sb_2S_3 : 2\,Sb$ = 339,8 : 243,6 = 30 : x; x = 21,51 kg Sb.

29. $\underset{3\,g}{Bi_2O_3} + 3\,C = \underset{x}{2\,Bi} + 3\,CO$; 466 : 418 = 3 : x; x = 2,691 g.

30. $SiO_2 + 2\,K_2CO_3 = K_4\,SiO_4 + 2\,CO_2$; 60,06 : 276,4 = x : (100 – x); x = 17,85% SiO_2; 82,15% K_2CO_3.

31. $Na_2B_4O_7 \cdot 10\,H_2O : Na_2B_4O_7$ = 381,4 : 201,3 = 310 : x; x = 163,6 g $Na_2B_4O_7$ $\underset{163,6\,g}{Na_2B_4O_7} + \underset{x\,g}{H_2SO_4} = Na_2SO_4 + H_2B_4O_7$; $H_2B_4O_7 + 5\,H_2O = 4\,H_3BO_3$. 201,3 : 98,09 = 163,6 : x; x = 79,72 g H_2SO_4; 201,3 : 247,4 = 163,6 : y; y = 201,1 g H_3BO_3.

32. $\underset{50\,g}{2\,H_3BO_3} = \underset{x}{B_2O_3} + 3\,H_2O$; $123{,}7 : 69{,}64 = 50 : x$; $x = 28{,}15\,g\ B_2O_3$.

33. 100 kg Bergzinn enthalten 3 kg SnO_2; hiervon kommen nur 2,85 kg in Betracht.
$SnO_2 : Sn = 150{,}7 : 118{,}7 = 2{,}85 : x$; $x = 2{,}245$ kg Sn.

34. 100 kg Seifenzinn enthalten 80 kg SnO_2. $\underset{80\,kg}{SnO_2} + \underset{y}{2\,C} = \underset{x}{Sn} + 2\,CO$; $150{,}7 : 118{,}7 = 80 : x$; $x = 63{,}03$ kg Sn.
$150{,}7 : 24 = 80 : y$; $y = 12{,}74$ kg C.

35. $Na_2SnO_3 \cdot 3\,H_2O : SnO_2 = 266{,}8 : 150{,}7 = 100 : x$; $x = 56{,}48$ g SnO_2. $\underset{x}{SnO_2} + \underset{y}{2\,NaOH} = Na_2SnO_3 + H_2O$; $266{,}8 : 80{,}02 = 100 : y$; $y = 29{,}99$ g NaOH $= 33{,}32$ g 90prozentiges Natriumhydroxyd.

36. $SnCl_2 \cdot 2\,H_2O : Sn : 2\,HCl = 225{,}7 : 118{,}7 : 72{,}94 = 100 : x : y$; $x = 52{,}60$ g Sn; $y = 32{,}32$ g HCl $= 107{,}7$ g 30prozentige Salzsäure.

37. $100 : 20{,}38 = 0{,}5 : x$; $x = 0{,}102$ g KCl.
$100 : 17{,}10 = 0{,}5 : y$; $y = 0{,}085$ g K_2HPO_4.
$100 : 44{,}86 = 0{,}5 : z$; $z = 0{,}225$ g $Ca(NO_3)_2$.
$100 : 16{,}82 = 0{,}5 : u$; $u = 0{,}084$ g $MgSO_4 \cdot 7\,H_2O$.
$100 : 0{,}84 = 0{,}5 : v$; $v = 0{,}004$ g $FeCl_3$.

38. 1 cbm Holz wiegt 700 kg. Hiervon sind 0,5% = 3,5 kg Asche und 0,7 kg Kaliumsalze.

39. $\underset{1000\,kg}{NaNO_3} + \underset{y}{KCl} = \underset{x}{KNO_3} + NaCl$; $85{,}01 : 101{,}1 = 1000 : x$; $x = 1189$ kg KNO_3. $85{,}01 : 74{,}56 = 1000 : y$; $y = 877{,}0$ kg KCl

40. 50 g Pottasche enthalten 45 g K_2CO_3.
$K_2CO_3 : 2\,KOH = 138{,}2 : 112{,}2 = 45 : x$; $x = 36{,}54$ kg KOH.

41. Von 80 g KCl kommen nur 68 g in Rechnung. $KCl : K = 74{,}56 : 39{,}1 = 68 : x$; $x = 35{,}66$ g K.

42. $2\ NaCl : Na_2CO_3 \cdot 10\,H_2O = 116{,}9 : 286{,}2 = 100 : x$; $x = 244{,}8$ kg Kristallsoda.

43. $CaCl_2 + 2\,\underset{x}{NaF} = \underset{5,57\,g}{CaF_2} + 2\,NaCl$; 78,07 : 84 = 5,57 : x
x = 5,994 g NaF. 20 : 5,994 = 100 : y; y = 29,97% NaF

44. In 15 ccm Kalkwasser sind höchstens enthalten $\frac{15 \cdot 0,166}{100} = 0,0249$ g $Ca(OH)_2$. $\underset{x}{K_2CO_3} + \underset{0,0249\,g}{Ca(OH)_2} = CaCO_3 + 2\,KOH$; 74,09 : 138,2 = 0,0249 : x; x = 0,04644 g K_2CO_3. Diese dürfen in 1 g des Präparats enthalten sein; in 100 g demnach höchstens 4,644 g K_2CO_3.

45. 2 ccm = 2 · 1,124 = 2,248 g Salzsäure enthalten 0,562 g HCl. $\underset{x\,g}{K_2CO_3} + 2\,\underset{0,56\,g}{HCl} = 2\,KCl + H_2O + CO_2$; 72,94 : 138,2 = 0,562 : x; x = 1,065 g K_2CO_3. 2,31 : 1,065 = 100 : y; y = 46,09% K_2CO_3.

46. $CaCl_2 + Na_2B_4O_7 = 2\,NaCl + \underset{12\,g}{CaB_4O_7}$; 195,4 : 201,3 = 12 : x; x = 12,36 g $Na_2B_4O_7$.

47. $\underset{35\,g}{SrSO_4} : 2\,\underset{x\,g}{HCl}$ = 183,7 : 72,94 = 35 : x; x = 13,90 g HCl = 46,33 g 30prozent. HCl; 183,7 : 266,6 = 35 : y; y = 50,80 g $SrCl_2 + 6\,H_2O$.

48. $BaCl_2 + \underset{x\,g}{H_2SO_4} = \underset{11,43\,g}{BaSO_4} + 2\,HCl$; 233,5 : 98,09 = 11,43 : x; x = 4,801 g H_2SO_4. 32 : 4,801 = 100 : y; y = 15% H_2SO_4.

49. $\underset{x\,g}{Ba(OH)_2} + Na_2SO_4 = 2\,NaOH + \underset{1,089\,g}{BaSO_4}$; 233,5 : 171,4 = 1,089 : x; x = 0,7993 g $Ba(OH)_2$. 25 : 0,7993 = 100 : x
x = 3,198% $Ba(OH)_2$.

50. 50 kg Strontianit enthalten 35 kg $SrCO_3$; $\underset{35\,kg}{SrCO_3} + 2\,\underset{y\,g}{HNO_3} + 5\,H_2O = \underset{x\,g}{Sr(NO_3)_2} \cdot 5\,H_2O + CO_2 + H_2O$; 147,6 : 301,7 = 35 : x; x = 71,55 kg; 147,6 : 126 = 35 : y; y = 29,88 kg HNO_3.

51. $\underset{x}{HgCl_2} + 2\,\underset{y}{KJ} = 2\,KCl + \underset{100\,g}{HgJ_2}$; 454,4 : 271,5 = 100 : x; x = 59,76 g $HgCl_2$; 454,4 : 332 = 100 : y; y = 73,07 g KJ.

52. $C_{12}H_{22}O_{11}$; 42,08% C; 6,482% H; 51,43% O.

53. AgCl : Ag = 143,3 : 107,9 = 1,6 : x; x = 1,205 g Ag und 0,195 g Cu. Der Feingehalt ist 860,7‰.

54. 100 g krist. Bariumchlorid enthalten 85,23 g $BaCl_2$. $\underset{x}{BaCl_2} + \underset{50\,g}{K_2CO_3} = \underset{y}{BaCO_3} + 2\,\underset{z}{KCl}$; 138,2 : 208,3 = 50 : x; x = 75,71 g $BaCl_2$; 138,2 : 197,4 = 50 : y; y = 71,43 g $BaCO_3$; 138,2 : 149,1 = 50 : z; z = 53,94 g KCl. Das Filtrat enthält 9,52 g $BaCl_2$ und 53,94 g KCl; der Niederschlag enthält 71,43 g $BaCO_3$.

55. $\underset{y}{Cr_2O_3} + 2\,\underset{x}{Al} = 2\,\underset{1\,g}{Cr} + \underset{z}{Al_2O_3}$; x = 0,5187 g; y = 1,462 g; z = 0,980 g.

56. $$\underset{775{,}4}{2\,PbCO_3 \cdot Pb(OH)_2} = 3\,PbO + \underbrace{2\,\underset{88}{CO_2} + \underset{18}{H_2O}}_{106}.$$

Einem Gewichtsverlust von 106 g entsprechen 775,4 g basisches Karbonat; einem Gewichtsverlust von 0,0457 g entsprechen also 0,3343 g.

4,8350 g Bleiglätte enthalten 0,3343 g basisches Karbonat; also enthalten 100 g Bleiglätte 6,913 g basisches Karbonat.

57. a) 72,34%; b) 69,96%; c) 59,83%; d) 48,22%.

58. Aus 2 Mol = 2 · 412,1 g basischem Wismutgallat entstehen 1 Mol = 466,0 g Bi_2O_3; aus 1 g des reinen Präparats würden also 0,5667 g Bi_2O_3 entstehen. Die gesuchte Prozentzahl erhält man aus der Proportion 0,5667 : 0,52 = 100 : x; x = 91,97%.

59. HgS : Hg = 232,7 : 200,6 = 0,2 : x; x = 0,1724 g Hg. In 0,3 g des Präparats sind 0,1724 g Hg enthalten. In 100 g des Präparats sind 57,47 g Hg enthalten. Die theoretische

Menge Hg erhält man aus der Proportion 336,6 : 200,6 = 100 : x; x = 59,60 g Hg.

60. Die organische Substanz verbrennt beim Glühen; das Eisen, durch HNO_3 oxydiert, bleibt als Eisen(III)-oxid. 159,7 : 111,7 = 0,054 : x; x = 0,03778 g Eisen. Diese Menge ist in 10 ccm enthalten, in 100 ccm daher 0,3778 g Eisen.

61. $\underset{\text{Leinölsäure-Glyzerid 872,6}}{C_3H_5(C_{18}H_{29}O_2)_3} + \underset{168,3}{3\,KOH}$
$= \underset{\text{Leinölsaures Kalium 948,9}}{3\,C_{18}H_{29}O_2K} + \underset{\text{Glyzerin 92,06}}{C_3H_5(OH)_3}$.

12 g KOH sind enthalten in 100 g 12prozentiger Kalilauge; 168,3 g KOH sind enthalten in 1402 g 12prozentiger Kalilauge. Leinöl und 12prozentige Kalilauge sind also im Verhältnis 872,6 : 1402 oder 1 : 1,604 zu mischen. Das Verhältnis des leinölsauren Kaliums und des Glyzerins ist 948,9 : 92,06 oder 1 : 0,09702.

62. $\underset{x\,g}{(CH_3 \cdot COO)_2\,Ca} + \underset{y\,g}{(HCOO)_2Ca} = \underset{100\,g}{2\,CH_3COH} +$ $2\,CaCO_3$. 88,06 : 158,1 = 100 : x; x = 179,5 g; 88,06 : 130,1 = 100 : y; y = 147,7 g.

63. 10 kg 80prozentiger Alkohol enthalten 8 kg abs. Alkohol. $\underset{8\,kg}{C_2H_5OH} + O_2 = \underset{x\,kg}{CH_3COOH} + H_2O$; 46,05 : 60,03 = 8 : x; x = 10,43 kg CH_3COOH = 104,3 kg 10prozentige Essigsäure.

64. 50 g von 86prozentigem Alkohol enthalten 43 g abs. Alkohol. $\underset{43\,g}{2\,C_2H_5OH} = \underset{x\,g}{(C_2H_5)_2O} + H_2O$; 92,1 : 74,08 = 43 : x; x = 34,59 g.

65. a) 74,86% C und 25,14% H; b) 79,86% C und 20,14% H; c) 81,71% C und 18,29% H; d) 82,64% C und 17,36% H; e) 83,22% C und 16,78% H.

66. a) 26,08% C, 4,390% H und 69,53% O; b) 39,98% C, 6,713% H und 53,31% O; c) 48,62% C, 8,171% H und 43,21% O; d) 54,50% C, 9,151% H und 36,35% O; e) 58,77% C, 9,874% H und 31,36% O.

67. 100 g kristallisierter Oxalsäure $(COOH)_2 + 2\,H_2O$ enthalten 71,42 g $(COOH)_2$. $\underset{71,4\,g}{(COOH)_2} = H_2O + \underset{x}{CO} + \underset{y}{CO_2}$. $90{,}02 : 28 = 71{,}42 : x$; $x = 22{,}22$ g CO; $90{,}02 : 44 = 71{,}42 : y$; $y = 34{,}92$ g CO_2.

68. $\underset{3\,g}{C_6H_4(OH)COOH} = \underset{x}{CO_2} + \underset{y}{C_6H_5OH}$. $138 : 44 = 3 : x$; $x = 0{,}9565$ g CO_2. $138 : 94{,}05 = 3 : y$; $y = 2{,}044$ g C_6H_5OH.

69. $88 : 2{,}6 = 180{,}1 : x$; $x = 5{,}321$. $8 : 5{,}321 = 100 : y$; $y = 66{,}51\%$.

70. $249{,}7 : 90{,}08 = 100 : x$; $x = 36{,}07\%$.

71. $474{,}4 : 216{,}2 = 100 : x$; $x = 45{,}57\%$.

72. $500{,}4 : 216{,}2 = 100 : x$; $x = 43{,}09\%$.

73. $358{,}2 : 216{,}2 = 100 : x$; $x = 60{,}37\%$.

74. $483{,}2 : 216{,}2 = 12 : x$; $x = 5{,}370$ g H_2O.

75. $668{,}4 : 324{,}3 = 10 : x$; $x = 4{,}852$ g H_2O.

76. $278{,}0 : 126{,}4 = 100 : x$; $x = 45{,}36\%$.

77. $Na_2SO_4 \cdot x\,H_2O : Na_2SO_4 = (142{,}1 + 18{,}02\,x) : 142{,}1 = 20 : 8{,}88$; $x = 9{,}88 \sim 10$.

78. $Na_2CO_3 \cdot x\,H_2O : Na_2CO_3 = (106 + 18{,}02\,x) : 106 = 10 : 3{,}71$; $x = 9{,}980 \sim 10$.

79. $(BaCl_2 + x\,H_2O) : BaCl_2 = (208{,}3 + 18{,}02\,x) : 208{,}3 = 5 : 4{,}26$; $x = 2{,}009 \sim 2$.

80. $(ZnSO_4 + x\,H_2O) : ZnSO_4 = (161{,}4 + 18{,}02\,x) : 161{,}4 = 100 : 56{,}2$ $x = 6{,}985 \sim 7$.

81. $2\,(CaHPO_4 + x\,H_2O) = Ca_2P_2O_7 + (2\,x + 1)\,H_2O$. $2\,(136\;1 + 18{,}02\,x) : 254{,}2 = 1 : 0{,}74$; $x = 1{,}996 \sim 2$.

82. $[(C_{20}H_{24}N_2O_2)_2 \cdot H_2SO_4 + x\,H_2O] : [(C_{20}H_{24}N_2O_2)_2 \cdot H_2SO_4] = (746{,}5 + 18{,}02\,x) : 746{,}5 = 1 : 0{,}84$

$$x = 7{,}894 \sim 8.$$

83. Das Sulfat möge x Moleküle Wasser verlieren; dann ist $MgSO_4 \cdot 7\,H_2O : x\,H_2O = 1{,}8430 : 0{,}6818 = 246{,}5 : 18{,}02\,x$; $x = 5{,}064 \sim 5$. Die Formel für getrocknetes Sulfat ist daher $MgSO_4 \cdot 2\,H_2O$.

84. Die Formel sei $Na_2CO_3 \cdot x\,H_2O$. Dann ist $Na_2CO_3 + 2\,HCl = 2\,NaCl + H_2O + CO_2$. 2 Mol HCl, d. h. 2000 ccm Normalsalzsäure sättigen 106 g Na_2CO_3. 16 ccm Normalsalzsäure sättigen 0,8480 g Na_2CO_3. Der Rest 1 – 0,8480 = 0,1520 g ist Wasser. Nun verhält sich 18,02 x : 106 = 0,1520 : 0,8480; x = 1,054 ~ 1. Die gesuchte Formel ist daher $Na_2CO_3 \cdot H_2O$.

II. Aufstellung der Formel einer Verbindung aus der prozentualen Zusammensetzung

85. Die gesuchte Formel sei $H_xAs_y\,O_z$; dann verhält sich x : 75 y : 16 z = 1,5 : 56,4 : 42,1. Besteht aber eine Proportion ax : by : cz = m : n : p, so folgt $x : y : z = \frac{m}{a} : \frac{n}{b} : \frac{p}{c}$. Es ist demnach $x : y : z = 1{,}5 : \frac{56{,}4}{75} : \frac{42{,}1}{16} = 1{,}5 : 0{,}75 : 2{,}63 =$ 2 : 1 : 3,52 = 4 : 2 : 7. Die gesuchte Formel ist daher $H_4As_2O_7$. Bei der Aufsuchung der Formel dividiere man also zuerst die Prozentzahlen durch die zugehörigen Atomgewichte, bilde aus den erhaltenen Quotienten eine laufende Proportion und drücke endlich deren Glieder durch die einfachsten ganzen Zahlen aus. Auf diese Weise sind die Aufgaben 86 bis 91 zu lösen.

86. KNO_2.

87. NH_4NO_3.

88. Sb_2S_5.

89. $(NH_4)_2[PtCl_6]$.

90. a) Cu_2S; b) Fe_7S_8; c) $CuFeS_2$; d) Cu_3FeS_3; e) $3\,Ag_2S \cdot Sb_2S_3$; f) $3\,NaF \cdot AlF_3$; g) $Cu_2Cl(OH)_2$; h) $2\,Mg_3B_8O_{15} \cdot MgCl_2$; i) $3\,Pb_3P_2O_8 \cdot PbCl_2$; k) $K_2Al_2Si_{16}O_{16}$; l) $K_2Al_2Si_4O_{12}$; m) Al_2SiO_5

91. H_7C_6N.

92. $2\,CuCO_3 \cdot Cu(OH)_2$.

93. $KCr(SO_4)_2 + 12\,H_2O$.

94. 0,470 g CO_2 entsprechen 0,128 g C; 0,224 g H_2O entsprechen 0,025 g H; es bleiben daher 0,171 g O. C : H : O $= \frac{0,128}{12} : 0,025 : \frac{0,171}{16} = 0,0107 : 0,025 : 0,0107 = 1 : 2,33 : 1$ $= 3 : 7 : 3$. Die Formel ist daher n $(C_3H_7O_3)$.

95. n (C_4H_4N).

96. $C_8H_5NO_2$.

97. $AgClO_3$ und $HClO_3$.

98. $CuFeS_2$.

99. $CaMgC_2O_6 = CaCO_3 \cdot MgCO_3$.

100. $Al_3Na_4Si_3ClO_{12}$.

101. Ag_3SbS_3.

102. Man dividiert die Prozentzahlen durch die zugehörigen Atomgewichte: $As = \frac{72,64}{75} = 0,969$; $Ni = \frac{20,74}{59} = 0,352$ $Co = \frac{3,37}{59} = 0,057$; $Fe = \frac{3,25}{56} = 0,058$. Nun addiert man die Quotienten der sich vertretenden Metalle; $0,352 + 0,057 + 0,058 = 0,467$ und vergleicht diese Summe mit dem Quotienten des Arsens 0,969. Bezeichnet man die Metalle durch ein Symbol R, so verhält sich $R : As = 1 : 2,08$. Die allgemeine Formel der Mischung ist daher offenbar RAs_2. Nun ist das Verhältnis der Anzahl der Metallatome gleich $0,352 : 0,057 : 0,058 = 6,07 : 0,98 : 1 \sim 6 : 1 : 1$. Die gesuchte Formel ist also $6\,NiAs_2 \cdot CoAs_2 \cdot FeAs_2$.

103. $3\,ZnS \cdot FeS$. Lösung ähnlich 102.

104. Man dividiert diese Zahlen durch die Atomgewichte und erhält als Verhältnis der Atomzahlen der Metalle: Fe : Mn : Mg $= 0,666 : 0,134 : 0,078$. Um das Verhältnis ganzzahlig zu machen, teilen wir zunächst durch 0,078 und erhalten $8,55 : 1,72 : 1$ (Rechenschieber). Das kleinste ganzzahlige Vielfache folgt durch Multiplikation mit 3, also Fe : Mn : Mg $\sim 25 : 5 : 3$. Ferner verhält sich $(Fe + Mn + Mg) : C : O = 0,878 : 0,89 :$

2,66 ~ 1 : 1 : 3. Bezeichnet man die Metalle mit dem gemeinsamen Symbol R, so ist die allgemeine Formel der Mischung RCO_3; also die gesuchte Formel:

$$25\,FeCO_3 \cdot 5\,MnCO_3 \cdot 3\,MgCO_3.$$

105. $7\,Mg_2SiO_4 \cdot Fe_2SiO_4$. Lösung ähnlich 104.

106. $(AlFe_2)_{28} \cdot (Ca_{12}Mg_9)(SiO_4)_{117}$.

107. $17\,FeCO_3 \cdot 12\,MnCO_3$ oder die Mischung besteht aus 59% $FeCO_3$ und 41% $MnCO_3$.

108. $2\,KNO_3 + S + 3\,C$.

III. Auffindung der Koeffizienten in chemischen Gleichungen bei bekannten Ausgangs- und Endprodukten

a) auf Grund von Oxydationszahlen

Die Oxydationszahl (Oxz.) eines Atoms in einem Molekül ergänzt die Summe der Ladungen aller anderen darin enthaltenen Atome zu Null.

Wasserstoff hat üblicherweise die Oxz. + 1, Sauerstoff — 2, bei Atomionen ist sie gleich der Ionenwertigkeit. Häufig stimmt die Oxz. mit der stöchiometrischen Wertigkeit überein, vom Vorzeichen abgesehen. Dem elementaren Zustand kommt die Oxz. 0 zu.

Z. B. ist die Oxz. des N in HNO_3 + 5, weil für 3 O — 6 und für H + 1 anzusetzen ist. Entsprechend folgt für S in H_2SO_4 + 6. Für C in CH_4, CH_3OH, HCHO, HCOOH, CO_2 folgt — 4, — 2, 0, + 2, + 4 als Ausdruck der fortschreitenden Oxydation. Die gesuchten Koeffizienten sind so zu wählen, daß Oxydation und Reduktion sich die Waage halten, d. h. daß Steigen und Sinken der Oxz. gleiche Werte annehmen.

109, Oxz. N steigt von — 3 auf 0, Oxz. Cl fällt von 0 auf — 1. Deshalb passen 1 NH_3 und 3 Cl zusammen. Zur Absättigung der 3 Cl werden zusätzlich 3 NH_3 gebraucht also insgesamt 4. $4\,NH_3 + 3\,Cl = 3\,NH_4Cl + N$. Wegen der Doppelatomigkeit der Gase folgt dann:

$$8\,NH_3 + 3\,Cl_2 = 6\,NH_4Cl + N_2$$

110. Oxz. S steigt von 0 auf + 6, Oxz. Cl fällt von 0 auf — 1. Deshalb wirkt 1 S auf 3 Cl_2 ein. Die anderen Koeffizienten sind sinngemäß zu ergänzen.

$$S + 4\,H_2O + 3\,Cl_2 = H_2SO_4 + 6\,HCl$$

111. $2\,NaJO_3 + 5\,H_2SO_3 = 2\,J + 2\,NaHSO_4 + 3\,H_2SO_4 + H_2O$.

112. $2\,KJ + MnO_2 + 3\,H_2SO_4 = 2\,J + MnSO_4 + 2\,KHSO_4 + 2\,H_2O$.

113. $4\,HNO_3 = 4\,NO_2 + 2\,H_2O + O_2$.

114. $5\,HNO_3 + 3\,J = 3\,HJO_3 + 5\,NO + H_2O$.

115. $3\,P + 5\,HNO_3 + 2\,H_2O = 3\,H_3PO_4 + 5\,NO$.

116. $2\,S + 2\,KNO_3 = SO_2 + N_2 + K_2SO_4$.

117. $5\,C + 4\,KNO_3 = 3\,CO_2 + 2\,N_2 + 2\,K_2CO_3$.

118. $2\,KNO_3 + S + 3\,C = K_2S + N_2 + 3\,CO_2$; 40,81% feste und 59,19% gasförmige Bestandteile.

119. $S + 2\,HNO_3 = 2\,NO + H_2SO_4$.

120. $C + 2\,H_2SO_4 = 2\,H_2O + CO_2 + 2\,SO_2$.

121. $2\,KMnO_4 + 3\,H_2SO_4 + 5\,H_2O_2 = 2\,MnSO_4 + K_2SO_4 + 8\,H_2O + 5\,O_2$.

122. $4\,Au + 8\,KCy + O_2 + 2H_2O = 4\,KAuCy_2 + 4\,KOH$.

123. $2\,NH_4Cl + 4\,NH_4NO_3 = 5\,N_2 + Cl_2 + 12\,H_2O$.

124. $6\,CO_2 + 6\,H_2O = C_6H_{12}O_6 + 6\,O_2$.

125. $C_6H_5NO_2 + 2\,Fe + 6\,HCl = C_6H_5NH_2 + 2\,FeCl_3 + 2\,H_2O$.

126. $Fe_2(C_2O_4)_3 = 2\,FeC_2O_4 + 2\,CO_2$.

127. $2\,C_{24}H_{29}O_9(NO_3)_{11} = 24\,CO + 24\,CO_2 + 17\,H_2 + 11\,N_2 + 12\,H_2O$.

128. $Sn + 4\,HNO_3 = H_2SnO_3 + 4\,NO_2 + H_2O$.

129. $4\,KMnO_4 + 6\,H_2SO_4 = 2\,K_2SO_4 + 4\,MnSO_4 + 5\,O_2 + 6\,H_2O$.

130. $5\ H_2C_2O_4 + 2\ KMnO_4 + 3\ H_2SO_4 = K_2SO_4 + 2\ MnSO_4 + 10\ CO_2 + 8\ H_2O$.

131. $10\ FeSO_4 + 8\ H_2SO_4 + 2\ KMnO_4 = 5\ Fe_2(SO_4)_3 + K_2SO_4 + 2\ MnSO_4 + 8\ H_2O$.

132. $MnO_2 + H_2C_2O_4 + H_2SO_4 = MnSO_4 + 2\ CO_2 + 2\ H_2O$.

133. $8\ KMnO_4 + 7\ H_2SO_4 + 5\ H_2S = 8\ MnSO_4 + 4\ K_2SO_4 + 12\ H_2O$.

134. $2\ HgCl_2 + SO_2 + 2\ H_2O = 2\ HgCl + H_2SO_4 + 2\ HCl$.

135. $K_2Cr_2O_7 + H_2SO_4 + 3\ SO_2 = K_2SO_4 + Cr_2(SO_4)_3 + H_2O$.

136. $2\ K_2Cr_2O_7 + 3\ H_2S = 2\ K_2CrO_4 + 2\ Cr(OH)_3 + 3\ S$.

137. $2\ S + 2\ KNO_3 = K_2SO_4 + SO_2 + N_2$.

138.[1]) $2\ KOH + Cl_2 = KClO + KCl + H_2O$ (kalte Lauge).

139.[1]) $6\ KOH + 3\ Cl_2 = KClO_3 + 5\ KCl + 3\ H_2O$ (heiße Lauge).

140.[2]) $3\ MnSO_4 + 2\ KMnO_4 + 7\ H_2O = 5\ MnO(OH)_2 + K_2SO_4 + 2\ H_2SO_4$.

141.[3]) $Pb_3O_4 + 4\ HNO_3 = 2\ Pb(NO_3)_2 + PbO_2 + 2\ H_2O$.

142. $Cu + 2\ H_2SO_4 = CuSO_4 + SO_2 + 2\ H_2O$.

143. $3\ Cu + 8\ HNO_3 = 3\ Cu(NO_3)_2 + 2\ NO + 4\ H_2O$.

144.[4]) $2\ FeCl_2 + H_2O_2 + 2\ HCl = 2\ FeCl_3 + 2\ H_2O$.

145. $3\ FeCl_2 + HNO_3 + 3\ HCl = 3\ FeCl_3 + NO + 2\ H_2O$.

---

[1]) bei 138 und 139 liegt Disproportionierung des Cl_2 vor, d. h. die Cl-Atome nehmen verschiedene Oxz. an, nämlich + 1 und − 1, bzw. + 5 und − 1.

[2]) hier reduziert Mn Oxz. 2 das Mn Oxz. 7 und umgekehrt oxydiert Mn Oxz. 7 das Mn Oxz. 2.

[3]) Disproportionierung, das Pb nimmt verschiedene Oxz. an, nämlich 2 und 4.

[4]) In H_2O_2 ist ausnahmsweise der O-O-Bindung wegen Oxz. O = − 1, weil 2 H die Oxz. + 2 ergeben und damit für 2 O − 2 folgen. Fe Oxz. 2 steigt auf 3, O_2 (in H_2O_2) Oxz. − 2 sinkt auf − 4. Deshalb: 2 $FeCl_2$ und 1 H_2O_2.

b) mit Hilfe diophantischer Gleichungen

Wenn die Oxz. unverändert bleiben, was z. B. bei Ionengleichungen der Fall sein kann, führt die erste Methode nicht zum Ziel. Dann ist folgendermaßen zu rechnen:

146. $x\ SiF_4 + y\ H_2O = z\ H_4SiO_4 + u\ H_2SiF_6$.

Die Anzahl der Si-Atome muß links und rechts gleich sein, deshalb gilt 1) $x = z + u$. Ebenso folgen für F, H, O die folgenden Gleichungen

2) $4x = 6u$

3) $2y = 4z + 2u$

4) $y = 4z$.

Wird eine der Unbekannten willkürlich gleich 1 gesetzt, sind alle anderen zu errechnen. $u = 1$, damit aus 2) $x = {}^3/_2$, aus 1) $z = {}^1/_2$ und aus 4) $y = 2$. Durch einheitliche Umwandlung in Halbe folgen die Koeffizienten:

$$3\ SiF_4 + 4\ H_2O = H_4SiO_4 + 2\ H_2SiF_6.$$

147. $x\ ZnJ_2 + y\ LiAlH_4 = z\ ZnH_2 + u\ LiJ + v\ AlH_3$

Man erhält: $x = z$, $2x = u$, $y = u$, $y = v$, $4y = 2z$. Setzt man $x = 1$, folgt weiter $z = 1$, $u = 2$, $y = 2$, $v = 2$, also $ZnJ_2 + 2\ LiAlH_4 = ZnH_2 + 2\ LiJ + 2\ AlH_3$.

148. $Mg_3N_2 + 6\ H_2O = 3\ Mg(OH)_2 + 2\ NH_3$.

149. $3\ CaCl_2 + 2\ NH_3 + 2\ Na_2HPO_4 = Ca_3(PO_4)_2 + 2\ NH_4Cl + 4\ NaCl$.

150. $3\ K_4FeCy_6 + 4\ FeCl_3 = Fe_4(FeCy_6)_3 + 12\ KCl$.

151. $4\ BF_3 + 3\ H_2O = H_3BO_3 + 3\ HBF_4$.

152. $4\ H_3BO_3 + Na_2CO_3 = NaB_4O_7 + 6\ H_2O + CO_2$.

153. $K(SbO)[C_4H_4O_6] + HNO_3 + 2\ H_2O = C_4H_6O_6 + KNO_3 + Sb(OH)_3$.

154. $PCl_5 + 4\ H_2O = H_3PO_4 + 5\ HCl$.

IV. Atomgewichtsbestimmung nach der Dulong-Petitschen Regel

155. Ist a das Atomgewicht, s die spezifische Wärme eines Elements, so ist nach der Dulong-Petitschen Regel

$a \cdot s \sim 6{,}4$; also $a \sim \frac{6{,}4}{s}$. Hiernach findet man Mn = 55,2 (54,94), Fe = 59,3 (55,85), Ni = 60,1 (58,71), Cu = 70,0 (63,54), Sn = 118,5 (118,7), Pt = 201,3 (195,1), Hg = 192,2 (200,59), Pb = 207,1 (207,19), Th = 237 (232,04), U = 237 (238,07). (Die eingeklammerten Zahlen sind die richtigen Atomgewichte.)

156. Die spezifischen Wärmen ergeben die Atomgewichte $\frac{6{,}4}{0{,}0915} = 70{,}0$ und $\frac{6{,}4}{0{,}108} = 59{,}3$. Die Äquivalentgewichte müssen daher verdoppelt werden, um diese angenäherten Atomgewichtszahlen zu erhalten. Die genauen Atomgewichte sind daher $2 \cdot 31{,}8 = 63{,}6$ bzw. $2 \cdot 28 = 56$. Die Metallionen sind zweiwertig.

157. Die Atomgewichte sind 63,6 und $3 \cdot 19{,}3 = 57{,}9$. Das Kupfer ist einwertig, das Eisen dreiwertig.

V. Gesetze von Boyle und Gay-Lussac. Spezifisches Gewicht der Gase. Berechnung von Gasvolumina aus Gewichtsmengen

158. Das Gewicht der Luft bei 15° und 740 mm Druck beträgt $132{,}34 - 131{,}73 = 0{,}61$ g. Das Volumen der Luft ist $643{,}0 - 131{,}73 = 511{,}27$ ccm; reduziert man dieses auf 0° und 760 mm Druck, so erhält man 471,9 ccm. Das spezifische Gewicht der Luft ist also gleich $\frac{0{,}61}{471{,}9} = 0{,}00123$.

159. Das Volumen des Ballons ist gleich $399{,}7 - 74{,}6864 = 325$ cm. Das Gewicht der Glaswandung sei x; das spezifische Gewicht der Kohlensäure bei 20° und 750 mm Druck gleich s, bei 0° und 760 mm Druck gleich s_0; dasjenige der Luft bei 20° und 750 mm Druck gleich λ. Dann ist $\lambda = \frac{0{,}001293}{1 + 20 \cdot 0{,}00367} \cdot \frac{750}{760} = 0{,}001189$. Ferner

$$x + 325 \cdot s = 74{,}8900$$

$$\underline{x + 325 \cdot \lambda = 74{,}6864}$$
$$325\,(s - \lambda) = 0{,}2036.$$

$$s = \frac{0.2036}{325} + \lambda = 0{,}000625 + 0{,}001189 = 0{,}001814.$$

$s_0 = 0{,}001814\,(1 + 20 \cdot 0{,}00367) = 0{,}001947.$

160. Auflösung ähnlich Aufgabe 159. $s_0 = 0{,}000089.$

161 $\frac{2{,}016}{0{,}0897} = 22{,}47$ l.

162. $2\,Na + 2\,H_2O = 2\,NaOH + H_2$. Aus 2 Mol = 46 g Na entsteht 1 Mol = 22,4 l H. Aus 5 g Na entstehen daher $\frac{22{,}4 \cdot 5}{46} = 2{,}43$ l.

163. $2\,H_2O = 2\,H_2 + O_2$; 36,03 : 44,8 = 1 : x; x = 1,243 l.

164. $\underset{1\,g}{Zn} + H_2SO_4 = ZnSO_4 + \underset{x\,l}{H_2}$; 65,37 : 22,4 = 1 : x; x = 0,3426 l.

165. $\underset{x\,g}{Zn} + \underset{y\,g}{H_2SO_4} = ZnSO_4 + \underset{15\,l}{H_2}$; 22,4 : 65,37 = 15 : x; x = 43,78 g Zn; 22,4 : 98,09 = 15 : y; y = 65,69 g H_2SO_4 = 72,99 g 90prozentige Säure.

166. $\underbrace{2\,H_2 + O_2}_{1\,l} = \underset{x\,g}{2\,H_2O}$; 3 · 22,4 : 36,03 = 1 : x: x = 0,5362 ccm Wasser.

167. 9,64 g Wasser.

168. $\frac{1}{0{,}0000897} = 11\,150.$

169. $\underset{50\,g}{2\,HgO} = 2\,Hg + \underset{x\,l}{O_2}$; 433,2 : 22,4 = 50 : x; x = 2,585 l.

170. $\underset{1\,g}{2\,KClO_3} = 2\,KCl + \underset{x\,l}{3\,O_2}$; 2 · 122,6 : 3 · 22,4 = 1 : x; x = 0,2741 l.

171. $\underset{x\,g}{2\,HgO} = 2\,Hg + \underset{12\,l}{O_2}$; 22,4 : 433,2 = 12 : x; x = 232,1 g HgO.

172. $v_0 = \frac{10 \cdot 50}{1 + 15 \cdot 0{,}004} = 471{,}7$ l O i. N.

$\underset{x\,g}{2\,BaO_2} = 2\,BaO + \underset{471{,}7\,l}{O_2}$; 22,4 : 338,8 = 471,7 : x; x = 7134 g BaO_2; $471{,}7 \cdot \frac{100}{21} = 2246$ l Luft.

173. Das Gewicht der Luft ist gleich $8 \cdot 6 \cdot 4 \cdot 1{,}293 = 248{,}3$ kg davon sind $248{,}3 \cdot \frac{23}{100} = 57{,}1$ kg Sauerstoff und 191,2 kg Stickstoff.

174. $\underset{1\,g}{C} + \underset{x\,l}{O_2} = CO_2$; 12 : 22,4 = 1 : x; x = 1,87 l O und ebensoviel CO_2.

175. $\underset{1\,g}{4\,P} + \underset{x\,l}{5\,O_2} = 2\,P_2O_5$; $124{,}1 : 5 \cdot 22{,}4 = 1 : x$; x = 0,9023 l O; d. h. 4,3 l Luft.

176. $p = \frac{100 \cdot 0{,}4 \cdot 45 \cdot 40}{300000} = 0{,}24\%$ (3% CO_2 ist die Erträglichkeitsgrenze.)

177. 1 cbm Generatorgas enthält 280 l CO und 60 l H; diese verbrauchen $140 + 30 = 170$ l O $= \frac{170 \cdot 100}{21} = 809$ l Luft.

178. Auf 81,1 Volumina N würden, wenn kein O verbraucht worden wäre, $\frac{81{,}1 \cdot 21}{79} = 21{,}6$ Volumina O kommen. Die Menge des verbrauchten zur Menge des unverbrauchten Sauerstoffs verhält sich nun wie

$$(21{,}6 - 7{,}4) : 7{,}4 = 1 : 0{,}52.$$

Im selben Verhältnis steht auch die Menge der verbrauchten zur Menge der überschüssigen Luft.

179. a) 2,05 g; b) 2,05 g (isomer mit a); c) 5,78 g; d) 0,80 g.

180. 25 kg Schwefelkies enthalten 18,75 kg FeS_2; die hierin enthaltene Menge S findet man nach der Proportion 120 : 64,14

$= 18{,}75 : x$; $x = 10$ kg S. Hiervon werden verbrannt 9,2 kg. $\underset{9,2\,kg}{S} + O_2 = \underset{y\,cbm}{SO_2}$; $32 : 22{,}4 = 9{,}2 : y$; $y = 6{,}44$ cbm SO_2.

181. $KNO_2 + \underset{10\,g}{NH_4Cl} = KCl + \underset{x\,l}{N_2} + 2\,H_2O$; $85{,}11 : 22{,}4 = 10 : x$; $x = 2{,}631$ l N. $KNO_2 : NH_4Cl = 85{,}11 : 53{,}5 = 1 : 0{,}63$

182. 8 l N_2O sind $= \dfrac{8 \cdot 745}{760\,(1 + 0{,}00367 \cdot 18)} = 7{,}36$ l N_2O i. N.; $\underset{x\,g}{NH_4NO_3} = \underset{7,36\,l}{N_2O} + 2\,H_2O$; $22{,}4 : 80{,}05 = 7{,}36 : x$; $x = 26{,}31$ g NH_4NO_3.

183. 3 kg Salmiakgeistlösung enthalten 0,9 kg NH_3 $NH_3 : NH_4Cl = 17{,}03 : 53{,}50 = 0{,}9 : x$; $x = 2{,}828$ kg NH_4Cl

184. 750 l NH_3 bei 18° sind gleich 703,6 l bei 0° = 534 g NH_3. $NH_3 : NH_4Cl = 22{,}4 : 53{,}5 = 703{,}6 : x$; $x = 1680{,}5$ g NH_4Cl. $1534 : 534 = 100 : y$; $y = 34{,}81\%$ NH_3.

185. $\underset{75\,g}{NH_4NO_3} = \underset{x\,l}{N_2O} + 2\,H_2O$; $80{,}05 : 22{,}4 = 75 : x$; $x = 20{,}98$ l N_2O.

186. $NaCl : HCl = 58{,}46 : 22{,}4 = 25 : x$; $x = 9{,}577$ l HCl.

187. $2\,\underset{50\,g}{NaCl} + \underset{y\,g}{H_2SO_4} = Na_2SO_4 + 2\,\underset{x\,l}{HCl}$; $58{,}46 : 22{,}4 = 50 : x$; $x = 19{,}15$ l HCl i. N. $= \dfrac{19{,}15\,(1 + 18 \cdot 0{,}00367)\,76}{77}$ $= 20{,}15$ l HCl von 18° und 770 mm Druck. $116{,}9 : 98{,}09 = 50 : y$; $y = 41{,}96$ g H_2SO = 52,45 g 80prozentige Säure.

188. $2\,\underset{x\,g}{NaCl} = 2\,Na + \underset{10\,l}{Cl_2}$; $22{,}4 : 116{,}9 = 10 : x$; $x = 52{,}19$ g NaCl.

189. $2\,\underset{x\,g}{NaCl} + \underset{y\,g}{H_2SO_4} = Na_2SO_4 + 2\,\underset{200\,l}{HCl}$; $22{,}4 : 58{,}46 = 200 : x$; $x = 522$ g NaCl. $44{,}8 : 98{,}09 = 200 : y$; $y = 437{,}9$ g $H_2SO_4 = 547{,}4$ g 80prozentige Säure.

190. 1 l Salzsäure wiegt 1,101 kg = 1101 g; 100 : 25,5 = 1101 : x;

$$x = \frac{25{,}5 \cdot 1101}{100}\,g = \frac{22{,}4 \cdot 25{,}5 \cdot 1101}{36{,}5 \cdot 100}\,l = 172{,}3\ l\ HCl.$$

191. HCl : NH_4Cl = 22,4 : 53,5 = 10 : x; x = 23,9 g NH_4Cl.

192. 450 l HCl $= \frac{36{,}47 \cdot 450}{22{,}4}$ = 732,6 g HCl. 1733 : 732,6 = 100 : x; x = 42,28% HCl.

193. NaCl : HCl = 58,46 : 22,4 = 100 : x; x = 38,31 l HCl.

194. $\underset{x\,g}{4\,NaCl} + \underset{y\,g}{2\,H_2SO_4} + \underset{z\,g}{MnO_2} = MnCl_2 + 2\,H_2O + \underset{15\,l}{Cl_2} + 2\,Na_2SO_4$. 22,4 : 233,8 = 15 : x; x = 156,6 g NaCl; 22,4 : 196,2 = 15 : y; y = 131,4 g H_2SO_4 = 143,8 g 92prozentige Säure. 22,4 : 86,93 = 15 : z; z=58,22g MnO_2= 75,69 g 70prozentiger Braunstein. 157 g NaCl kosten 0,031 DM; 144 g Säure kosten 0,036 DM; 76 g Braunstein kosten 0,030 DM; Summa 0,10 DM; 1 cbm kostet demnach $\frac{100}{15}$ = 6,67 DM.

195. 0,15 kg = 150 g NaClO sind herzustellen; $\underset{x\,g}{2\,NaOH} + \underset{y\,l}{Cl_2} = \underset{150\,g}{NaClO} + NaCl + H_2O$. 74,46 : 80,02 = 150 : x; x = 161,2 g NaOH. 74,46 : 22,4 = 150 : y; y = 45,12 l Cl.

196. Es sind 300 g NaClO vorhanden. 74,46 : 22,4=300 : x; x = 90,24 l Cl.

197. $3\frac{22{,}4 \cdot 320}{2 \cdot 35{,}46}20$ g Cl = = 101 l Cl.

198. Es sind 810g $CaCl_2O$ vorhanden. $\underset{810\,g}{CaCl_2O} + 2\,HCl = CaCl_2 + H_2O + \underset{x\,l}{Cl_2}$. 127 : 22,4 = 810 : x; x = 142,8 l Cl.

199. $\underset{x\,g}{6\,KOH} + \underset{y\,l}{3\,Cl_2} = \underset{1000\,g}{KClO_3} + 5\,KCl + 3\,H_2O$; 122,6 : 336,7 = 1000 : x; x = 274,6 g KOH = 915,3 g 30prozentige Lauge. 122,6 : 67,2 = 1000 : y; y = 548,1 l Cl.

200. Es sind 6 · 0,0025 kg = 15 g $MgBr_2$ vorhanden. $\underset{15\,g}{MgBr_2} + \underset{y\,l}{Cl_2} = MgCl_2 + \underset{x\,g}{2\,Br}$; 184,2 : 159,8 = 15 : x; x = 13,01 g Br. 184,2 : 22,4 = 15 : y; y = 1,824 l Cl.

201. $\underset{10\,g}{2\,KJ} + \underset{y\,l}{Cl_2} = 2\,KCl + \underset{x\,g}{2\,J}$; 166 : 126,9 = 10 : x; x = 7,645 g J. 332 : 22,4 = 10 : y; y = 0,6747 l Cl.

202. $\underset{20\,g}{CaF_2} + H_2SO_4 = CaSO_4 + \underset{x\,l}{2\,HF}$; 78,07 : 44,8 = 20 : x; x = 11,48 l HF.

203. $\underset{x\,g}{SiMg_2} + 4\,HCl = \underset{0{,}05\,l}{SiH_4} + 2\,MgCl_2$; 22,4 : 76,70 = 0,05 : x; x = 0,1712 g $SiMg_2$.

204. $\underset{y\,g}{SiO_2} + \underset{x\,g}{4\,HF} = \underset{0{,}045\,l}{SiF_4} + 2\,H_2O$; 22,4 : 80,04 = 0,045 : x; x = 0,1608 g HF = 0,536 g 30prozentige Säure. 22,4 : 60,06 = 0,045 : y; y = 0,1207 g SiO_2.

205. $\underset{0{,}2\,g}{As_2O_3} + \underset{x\,l}{6\,H_2} = 2\,AsH_3 + 3\,H_2O$; 197,9 : 134,4 = 0,2 : x; x = 0,1358 l H.

206. $\underset{0{,}3\,g}{4\,As} + \underset{x\,l}{3\,O_2} = 2\,As_2O_3$; 299,8 : 67,2 = 0,3 : x; x = 0,0672 l = 67,25 ccm O.

207. $\underset{5\,g}{Zn_3P_2} + 6\,HCl = \underset{x\,l}{2\,PH_3} + 3\,ZnCl_2$; $2\,PH_3 + 4\,O_2 = 3\,H_2O + \underset{y\,g}{P_2O_5}$. 258,2 : 44,8 = 5 : x; x = 0,8675 l PH_3; 258,2 : 142,1 = 5 : y; y = 2,752 g P_2O_5.

208. 1 cbm Luft enthält 0,21 cbm = 210 l O $= \frac{32 \cdot 210}{22{,}4}$ g O. 5 O : 2 P = 80 : 62,04 = $\frac{32 \cdot 210}{22{,}4}$: x; x = 232,6 g P.

209. $5\,Zn_3P_2 + 30\,HCl = 10\,PH_3 + 15\,ZnCl_2$; $2\,Zn + 4\,HCl = 2\,ZnCl_2 + 2\,H_2$. $(5\,Zn_3P_2 + 2\,Zn) : 2\,Zn = 1421 : 130{,}7 = 100 : x$; $x = 9{,}199\%$ Zn.

210. 150 g Schwefeleisen enthalten 90 g FeS. $FeS : H_2S = 87{,}91 : 22{,}4 = 90 : x$; $x = 22{,}93$ l H_2S.

211. Im Zimmer sind $160 \cdot 0{,}0003 = 0{,}048$ cbm $= 48$ l H_2S. $H_2S + Cl_2 = 2\,HCl + S$; 48 l Cl sind erforderlich.

212. $\underset{12\,g}{S} + O_2 = \underset{x\,l}{SO_2}$; $32{,}07 : 22{,}4 = 12 : x$; $x = 8{,}381$ l SO_2.

213. $\underset{x\,g}{Cu} + \underset{y\,g}{2\,H_2SO_4} = CuSO_4 + 2\,H_2O + \underset{12\,l}{SO_2}$; $22{,}4 : 63{,}57 = 12 : x$; $x = 34{,}0$ g Cu. $22{,}4 : 196{,}2 = 12 : y$; $y = 105{,}1$ g $H_2SO_4 = 107$ g 98prozentige Säure.

214. 930 kg FeS_2 kommen zur Verwendung. $\underset{930\,kg}{2\,FeS_2} + 7\,O = \underset{y\,g}{Fe_2O_3} + \underset{x\,cbm}{4\,SO_2}$; $240 : 89{,}6 = 930 : x$; $x = 347{,}2$ cbm SO_2. $240 : 159{,}7 = 930 : y$; $y = 618{,}8$ kg Fe_2O_3. $SO_2 : H_2SO_4 = 22{,}4 : 98{,}09 = 347{,}2 : z$; $z = 1521$ kg H_2SO_4.

215. 10 g Karbid enthalten 9 g CaC_2; $\underset{9\,g}{CaC_2} + 2\,H_2O = \underset{x\,l}{C_2H_2} + Ca(OH)_2$; $64{,}07 : 22{,}4 = 9 : x$; $x = 3{,}145$ l C_2H_2.

216. 20 l Gas von 20° und 755 mm Druck sind $\frac{20 \cdot 755}{760\,(1 + 20 \cdot 0{,}00367)} = 18{,}5$ l i. N. $22{,}4 : 64{,}07 = 18{,}5 : x$; $x = 52{,}93$ g CaC_2.

217. $\frac{\pi \cdot 20^2 \cdot 75 \cdot 44}{1000 \cdot 22{,}4} = 185$ g.

218. Es sind zu entwickeln $\frac{\pi \cdot 30^2 \cdot 80}{1000\,(1 + 15 \cdot 0{,}00367)} = 214{,}4$ l CO_2 i. N. $\underset{x\,g}{CaCO_3} + \underset{y\,g}{2\,HCl} = CaCl_2 + \underset{214{,}4\,l}{CO_2} + H_2O$; $22{,}4 : 100{,}1 = 214{,}4 : x$; $x = 958$ g $CaCO_3$. $22{,}4 : 72{,}94 = 214{,}4 : y$; $y = 698{,}2$ g HCl $= 2793$ g Salzsäure.

219. $\underset{950\,g}{C} + \underset{x\,l}{O_2} = CO_2$; 12 : 22,4 = 950 : x,

$$x = 1773\ l\ O = \frac{1773 \cdot 100}{21} = 8443\ l\ \text{Luft.}$$

220. $\underset{x\,g}{CaC_2} + 2\,H_2O = \underset{280\,l}{C_2H_2} + Ca(OH)_2$; 22,4 : 64,07 = = 280 : x; x = 801,1 g in 1 kg, d. h. 80,11%.

221. $\underset{100\,g}{CaCO_3} + \underset{y\,g}{2\,HCl} = CaCl_2 + H_2O + \underset{x\,l}{CO_2}$; 100 : 22,4 = 100 : x; x = 22,4 l. 100 : 72,94 = 100 : y; y = 72,94 g HCl = 243,1 g 30 prozentige Säure.

222. $CaC_2 : C_2H_2$ = 64,07 : 22,4 = 1000 : x; x = 350 l C_2H_2 350 l C_2H_2 kosten 0,35 DM; 1000 l kosten 1 DM.

223. $\underbrace{(COOH)_2 + 2\,H_2O}_{50\,g} = 3\,H_2O + CO_2 + \underset{x\,l}{CO}$; 126,1 : 22,4 = 50 : x; x = 8,881 l CO. $\underset{y\,g}{2\,KOH} + CO_2 = K_2CO_3 + H_2O$; 126,1 : 112,2 = 50 : y; y = 44,49 g KOH = 444,9 g 10prozentige Kalilauge.

224. $\underset{2\,l}{CH_4} + 2\,O_2 = CO_2 + \underset{x\,g}{2\,H_2O}$; es entstehen 2 l CO_2 22,4 : 36,04 = 2 : x; x = 3,218 g H_2O.

225. $\underset{x\,g}{C} + \underset{y\,g}{H_2O} = \underbrace{CO + H_2}_{1\,l}$; 44,8 : 12 = 1 : x; x = 0,2679 g C. 44,8 : 18,02 = 1 : y; y = 0,4022 g H_2O.

226. $\underset{15\,g}{CH_3COOK} + KOH = K_2CO_3 + \underset{x\,l}{CH_4}$; 98,12 : 22,4 = 15 : x; x = 3,424 l CH_4.

227. a) $4\,C_3H_5(NO_3)_3 = 12\,CO + 6\,N_2 + 7\,O_2 + 10\,H_2O$; 295 l CO; 246 l H_2O-Dampf; 148 l N_2; 172 l O_2; Gesamtvolumen 861 l.

b) $4\,C_3H_5(NO_3)_3 = 12\,CO_2 + 10\,H_2O + 6\,N_2 + O_2$; 295 l CO_2; 246 l H_2O-Dampf; 148 l N_2; 24,5 l O_2; Gesamtvolumen 713,5 l.

VI. Gay-Lussacs Volumgesetz und Avogadros Hypothese

228. a) $Cl_2 + H_2 = 2\ HCl$; 1 Vol. Cl verbindet sich mit 1 Vol. H zu 2 Vol. Salzsäure.

b) $O_2 + 2\ H_2 = 2\ H_2O$; 1 Vol. O verbindet sich mit 2 Vol. H zu 2 Vol. Wasserdampf.

c) $N_2 + 3\ H_2 = 2\ NH_3$; 1 Vol. N verbindet sich mit 3 Vol. H zu 2 Vol. Ammoniak.

dα) $2\ N_2 + O_2 = 2\ N_2O$; 2 Vol. N verbinden sich mit 1 Vol. O zu 2 Vol. Distickstoffoxid.

dβ) $N_2 + O_2 = 2\ NO$; 1 Vol. N verbindet sich mit 1 Vol. O zu 2 Vol. Stickstoffoxid.

dγ) $N_2 + 2\ O_2 = 2\ NO_2$; 1 Vol. N verbindet sich mit 2 Vol. O_2 zu 2 Vol. Stickstoffdioxid.

e) $2\ CO + O_2 = 2\ CO_2$; 2 Vol. CO verbinden sich mit 1 Vol. O_2 zu 2 Vol. CO_2.

f) $CO + Cl_2 = COCl_2$; 1 Vol. CO verbindet sich mit 1 Vol. Cl zu 1 Vol. Phosgen.

g) $C_2H_4 + Cl_2 = C_2H_4Cl_2$; 1 Vol. C_2H_4 verbindet sich mit 1 Vol. Cl zu 1 Vol. Dichloräthan.

h) $2\ C_6H_6 + 15\ O_2 = 12\ CO_2 + 6\ H_2O$; 1 Vol. C_6H_6 verbindet sich mit 7½ Vol. O_2 zu 6 Vol. CO_2 und 3 Vol. Wasserdampf.

229. $2\ PH_3 = 2\ P + 3\ H_2$; 1 Vol. PH_3 liefert 1½ Vol. H.

230. $C + CO_2 = 2\ CO$; aus 5 l CO_2 entstehen 10 l CO.

231. $2\ NO + O_2 = 2\ NO_2$; 1 l NO und ½ l O liefern 1 l NO_2.

232. $3\ NO_2 + H_2O = NO + 2\ HNO_3$; 1 l NO_2 liefert $^1/_3$ l NO.

233. Von 150 ccm Gas im Eudiometer sind 62,85 ccm unter Wasserbildung verschwunden; der dritte Teil hiervon, d. h. 20,95 ccm sind Luftsauerstoff. 100 Teile Luft enthalten demnach 20,95 Teile O.

234. Die Volumverminderung betrug 23,2−13,8=9,4ccm. 15 ccm Luft enthalten also $\frac{9,4}{3} = 3,13$ ccm O, d. h. 20,9%.

235. $2\ AsH_3 = 2\ As + 3\ H_2$; 2 ccm AsH_3 liefern 3 ccm H; 40 ccm AsH_3 daher 60 ccm H.

236. Nein, denn nach der Gleichung $Hg + J = HgJ$ oder $Hg + 2\ J = HgJ_2$ bildet sich aus jeder Quecksilbermolekel die einatomig ist, 1 Molekel Quecksilber(I)- oder (II)-jodid.

237. Das Volumen ändert sich nicht, denn bei den Reaktionen $2\ Hg + Cl_2 = 2\ HgCl$ und $2\ Hg + 2\ Cl_2 = 2\ HgCl_2$ bleibt die Anzahl der Moleküle unverändert. [1])

238. 1 Mol. NH_3 = 17,03 g; 1 Mol. H_2 = 2,016 g. Das spezifische Gewicht von Wasserstoff ist 0,0000897, folglich dasjenige von NH_3 gleich $\frac{17,03}{2,016} \cdot 0,0000897 = 0,000758$. Die Werte für die übrigen Gase sind N_2O 0,001959; NO 0,001335; NO_2 0,002047; HCl 0,001622; H_2S 0,001517; SO_2 0,002851; PH_3 0,001515; AsH_3 0,003470; SeO_2 0,004948.

239. Ist m das Molekulargewicht eines Gases, so ist sein spezifisches Gewicht bezogen auf Luft gleich $\frac{m}{28,94}$; z. B. bei NH_3 $\frac{17,03}{28,94} = 0,587$. Die Werte für die übrigen Gase sind N_2O 1,521; NO 1,037; NO_2 1,590; HCl 1,260; H_2S 1,178; SO_2 2,214; PH_3 1,177; AsH_3 2,695; SeO_2 3,843.

240. Ähnlich wie Aufg. 239, z. B. Essigsäure CH_3COOH; m = 60; $d = \frac{60,03}{28,94} = 2,075$. Die Dampfdichten der übrigen Körper sind CH_3CHO 1,521; CH_3OH 1,107; $CHCl_3$ 4,126; C_6H_5OH 3,250; AsJ_3 15,75; $HgCl_2$ 9,382.

---

[1]) Quecksilber (I)-chlorid kann auch dimolekular vorkommen. Die Dampfdichte bleibt aber unverändert, wegen der Dissoziation nach $Hg_2Cl_2 = Hg + HgCl_2$.

VII. Berechnung von Äquivalentgewichten und Valenzen

241. 5 g Zn sind äquivalent 16 g Pb; $\frac{65,37}{2}$ g Zn sind äquivalent $\frac{16 \cdot 65,37}{5 \cdot 2} = 104,6$ g Pb.

242. Das Äquivalentgewicht des Quecksilbers ist $\frac{7,3 \cdot 65,37}{2,4 \cdot 2} = 99,42$, das Atomgewicht Hg = 200,6 folglich die Valenz $\frac{200,6}{99,42} \sim 2$.

243. $\frac{7,9 \cdot 65,37}{2,4 \cdot 2} = 107,6$.

244. 24,73 : 75,27 = 35,46 : x; x = 107,9.

245. 17,65 : 82,35 = 1,008 : x; x = 4,704.

246. 15,07 : 84,93 = 35,46 : x; x = 199,9.

247. 26,2 : 73,8 = 35,46 : x; x = 99,89.

248. a) 22,2 : 77,8 = 8 : x; x = 28; b) 30 : 70 = 8 : x; x = 18,67.

249. Dreiwertig.

250. 63,2 bzw. 31,6.

251. Die Spannung des Wasserstoffs ist 754 − 13,5 = 740,5 mm. Man reduziert das Volumen auf 0° und 760 mm Druck und erhält $v_0 = \frac{13,8 \cdot 740,5}{760\,(1 + 0,00367 \cdot 16)} = 12,7$ ccm $= 0,0127 \cdot 0,0897$ g. Das Äquivalentgewicht von Ag ist nun gleich $\frac{0,124}{0,0127 \cdot 0,0897} = 108,8$.

252. 13,73 ccm sind gleich 13,0 ccm im Normalzustand. Das gesuchte Äquivalentgewicht ist 40.

253. 29,35.

254. a) Reduziertes Wasserstoffvolumen 90,3 cm^3. Äquivalentgewicht 23,7.

b) Reduziertes Wasserstoffvolumen 162,4 cm^3. Äquivalentgewicht 12,4.

c) Reduziertes Wasserstoffvolumen 91,6 cm^3. Äquivalentgewicht 33,6.

d) Reduziertes Wasserstoffvolumen 174,5 cm^3. Äquivalentgewicht 9,02.

e) Reduziertes Wasserstoffvolumen 59,4 cm^3. Äquivalentgewicht 59,4.

255. Normalvolumen des Sauerstoffs 24,1 cm^3. Verbindungsgewicht von Quecksilber 205.

256. 24,4.

257. 2,01.

258. Wenn a g Salz vom Molekulargewicht m das Volumen v cm^3 CO_2 im Normalzustand liefern, so ist $m = \frac{22400 \cdot a}{v}$

a) $v = 80{,}5\ cm^3$; $m = 104$,
b) $v = 128\ cm^3$; $m = 88$,
c) $v = 73\ cm^3$; $m = 150$.

259. $v = 190\ cm^3$. Die Formel für Soda sei $Na_2CO_3 + x\,H_2O$. Dann besteht die Proportion $(106 + 18\,x) : 22400 = 2{,}455 : 190$. Folglich ist $x = 10{,}2 \sim 10$.

VIII. Molekulargewicht und Dampfdichte

260. $m = 28{,}94 \cdot 1{,}56 = 45{,}1$. Das theoretische Molekulargewicht für C_2H_4O ist 44,05.

261. $m = 28{,}94 \cdot 1{,}153 = 33{,}36 \cdot (CH_4O = 32{,}04)$.

262. $m = 28{,}94 \cdot 1{,}715 = 49{,}6\ (N_2H_4 \cdot H_2O = 50{,}06)$.

263. $m = 28{,}94 \cdot 4{,}93 = 142{,}7\ (CCl_3COH = 147{,}4)$.

264. $m = 28{,}94 \cdot 4{,}26 = 123{,}3\ (CHCl_3 = 119{,}4)$.

265. $m = 28{,}94 \cdot 5{,}38 = 155{,}7\ (Br_2 = 159{,}8)$.

266. Die Dampfdichte

$$d = \left(\frac{b-a}{v \cdot \lambda} + 1\right) \frac{1 + 0{,}00367 \cdot T}{1 + 0{,}00367 \cdot t},$$

wenn $\lambda = 0{,}001206$ die Dichte der Luft bei $t = 15°$ und dem berechneten Druck $H = 748$ mm bedeutet; man erhält $d = 2{,}64$. (Aus der Formel $C_4H_{10}O$ ergibt sich die theoretische Dampfdichte $d = \frac{74{,}1}{28{,}94} = 2{,}56$.)

267. $m = 6{,}92 \cdot 28{,}94 = 200$. Die Anzahl der Atome ist gleich dem Quotienten aus Molekulargewicht und Atomgewicht: $n = \frac{200}{200} = 1$. Ähnlich die Auflösungen von 268 bis 272.

268. zweiatomig.
269. zweiatomig.
270. vieratomig.
271. einatomig.
272. a) sechsatomig; b) zweiatomig.

IX. Aufstellung der Formel einer Verbindung aus der Dampfdichte und der prozentualen Zusammensetzung

273. Aus der Analyse folgt für Silberchlorid die Formel Ag_xCl_x. Das Molekulargewicht ist $m = 5{,}7 \cdot 28{,}94 = 165$; andererseits ist das Molekulargewicht $m = (108 + 35{,}5) \cdot x$; also ergibt sich

$$x = \frac{165}{108 + 35{,}5} = 1{,}15 \sim 1.$$

274. Die Analyse gibt die Formel $x \cdot C_6H_6O$. Nun ist $x\,(72 + 6{,}05 + 16) = 3{,}25 \cdot 28{,}94$; $x \sim 1$.

275. Die Analyse gibt die Formel $x \cdot AlCl_3$. Das Gewicht von 1 l Dampf bei 0° beträgt $1{,}52 \cdot 3{,}92 = 5{,}95$ g. Die Dampf-

dichte ist nun $d = \frac{5,95}{1,293} = 4,60$; das Molekulargewicht $m = 4,60 \cdot 28,94 = 133,1$ Nun ist $x(27,1 + 106,5) = 133,1$. $x = \frac{133,1}{133,6} \sim 1$.

276. HgCl.

277. 0,462 g CO_2 entsprechen 0,126 g C; 0,189 g H_2O entsprechen 0,021 g H; der Rest 0,168 g ist O. Dieser Zusammensetzung entspricht die Formel $x\,CH_2O$. Nun ist $x(12 + 2 + 16) = 28,94 \cdot 2,04$; $x = \frac{59,1}{30} \sim 2$. Die gesuchte Formel ist $C_2H_4O_2$.

278. $C_3H_6O_2$.
279. C_6H_6.
280. C_2H_4; C_3H_6; C_4H_8; C_5H_{10}.
281. As_4O_6.
282. $C_2O_4H_2$.
283. Cl_2O.

284. Man reduziert das Volumen des Benzoldampfes auf 0° und 760 mm Druck nach der Gleichung

$$v_0 = \frac{728 \cdot 40}{760\,(1 + 100 \cdot 0,00367)}.$$

Dann ergibt sich das Molekulargewicht aus der Proportion $m : 22400 = 0,0981 : v_0$. Aus der prozentualen Zusammensetzung erhält man die Formel C_xH_x. Durch Verbindung dieser Formel mit dem gefundenen Molekulargewicht erhält man $x = 6$.

285. Die prozentuale Zusammensetzung ergibt die Formel $C_{3x}H_{6x}O_x$. Reduziert man die Höhe 352 mm der Quecksilbersäule auf 0°, so erhält man $h_0 = \frac{352}{1 + 100 \cdot 0,00018} = 346$ mm. Der Druck des Dampfes beträgt also 748 − 346 =

402 mm. Die weitere Rechnung ist nun wie bei Aufgabe 284. Gesuchte Formel C_3H_6O.

286. Man rechnet das gemessene Volumen 15,2 ccm auf 0^0 und 760 mm um: $v_0 = \frac{752 \cdot 15{,}2}{760\,(1 + 0{,}004 \cdot 20)}$. Dann berechnet man das Molekulargewicht nach der Gleichung $0{,}108 : v_0 = m : 22400$. Ferner findet man der prozentualen Zusammensetzung die Formel $C_{2x}H_{5x}J_x$; mit Hilfe des gefundenen Molekulargewichts erhält man $x = 1$.

287. CCl_4.

X. Dissoziation und Polymerisation von Gasen

Sind p Prozent der Moleküle eines Stoffes gespalten, und zwar jedes Molekül in n Teile, so ist die Summe der ungeteilten Moleküle prozentual $100 - p$; die Summe der Teilmoleküle gleich $n \cdot p$; also ist die Summe der auf 100 ungeteilte Moleküle kommenden Teil- und Ganzmoleküle gleich $100 - p + np$ oder gleich $100 + (n - 1)\,p$. Ist m_1 das Molekulargewicht des aus ungeteilten Molekülen, m_2 das Molekulargewicht des aus Teil- und Ganzmolekülen bestehenden Körpers, so verhält sich $\frac{m_1}{m_2} = \frac{100 + (n - 1)\,p}{100}$. Ist $p = 100$, d. h. sind alle Moleküle durch Hitze dissoziiert, so ist

$$\frac{m_1}{m_2} = n, \text{ oder } m_2 = \frac{m_1}{n}.$$

288. Das Molekulargewicht des Jods bei 600° ist $8{,}72 \cdot 28{,}94 = 252{,}3$; bei 1500° gleich $4{,}5 \cdot 28{,}94 = 130{,}3$. Die Atomzahl im Molekül ist daher $\frac{252{,}3}{127}$ bzw. $\frac{130{,}3}{127}$, d. h. fast genau 2 und 1. Das Joddampfmolekül ist also bei 600° J_2 und bei 1500° J. Für die Zwischentemperatur 878° findet man nach der obigen Formel

$$\frac{2 \cdot 127}{8{,}11 \cdot 28{,}94} = \frac{100 + (2 - 1) \cdot p}{100};$$

also $p = 8{,}26\%$. Ebenso findet man bei 1030° 28,5%; bei 1250° 55,4%; bei 1390° 67,9% und bei 1500° 95,1%.

289. Bei 468° sei die Anzahl der Atome im Schwefelmolekül x; dann ist $32{,}07 \cdot x = 7{,}94 \cdot 28{,}94$; $x = 7{,}2 \sim 7$; bei 860° ist $x = 2{,}02 \sim 2$. Die Formeln sind also S_7 und S_2.

290. Bei 150° sei die Formel der Stickstoffdioxidmoleküle N_xO_{2x}. Dann ist $14\,x + 32\,x = 46\,x = 22{,}9 \cdot 2$; $x = 0{,}994 \sim 1$. Bei 26° mögen x% der Moleküle polymerisiert sein zu N_2O_4-Molekülen. Dann bleiben (100 – x) NO_2-Moleküle. Denkt man sich die N_2O_4-Moleküle wieder dissoziiert, so würde man im ganzen $2\,x + 100 - x = 100 + x$ Moleküle haben; diese würden einen größeren Raum einnehmen, als das ursprüngliche Volumen betrug. Die Volumina würden sich verhalten wie $(100 + x) : 100$. Nun verhalten sich aber die Gasdichten umgekehrt wie die Volumina, also ist $(100 + x) : 100 = 38{,}0 : 23$; $x = 65{,}2$.

291. 1 Mol $PCl_5 = 208{,}3$. Nun verhält sich

$$\frac{208{,}3}{3{,}60 \cdot 28{,}94} = \frac{100 + p}{100}; \text{ folglich } p = 100\%.$$

292. $$\frac{79{,}92 \cdot 2}{3{,}68 \cdot 29{,}94} = \frac{100 + p}{100}; \; p = 50{,}1\%.$$

293. $$\frac{126{,}9 \cdot 2}{5{,}71 \cdot 28{,}94} = \frac{100 + p}{100}; \; p = 53{,}6\%.$$

294. Das Gewicht von 1 ccm Ozon beträgt

$$\frac{26{,}0 \cdot 0{,}00143 + 0{,}0163}{26{,}0} = 0{,}00206 \text{ g}.$$

Ozon ist $\frac{0{,}00206}{0{,}00143} = 1{,}44 \sim \frac{3}{2}$ mal so schwer wie Sauerstoff. Die Formel für Ozon ist daher O_3.

XI. Herstellung von Lösungen mit bestimmtem Gehalt

295. 231,7 kg.

296. 63,8 kg.

297. 0,962 kg.

298. 10 l Salmiakgeist wiegen 9,1 kg; diese enthalten 2,275 kg NH_3; $\underset{x\,kg}{2\,NH_4Cl} + \underset{y\,kg}{CaO} = \underset{2,275}{2\,NH_3} + CaCl_2 + H_2O$; 34 : 107 = 2,275 : x; x = 7,16 kg NH_4Cl; 34 : 56 = 2,275 : y; y = 3,75 kg CaO.

299. $\underbrace{Pb(C_2H_3O_2)_2}_{x\,kg} \cdot 3\,H_2O + \underset{y\,kg}{H_2SO_4} = PbSO_4 + \underset{1\,kg}{2\,CH_3COOH} + 3\,H_2O$. 120 : 379 = 1 : x; x = 3,16 kg Blei(II)-azetat; 120 : 98 = 1 : y; y = 0,817 kg H_2SO_4 = 0,86 kg 95prozentige Säure.

300. 3 Cu : 8 HNO_3 = 190,7 : 504 = 1 : x; x = 2,64 kg HNO_3 = 3,3 kg 80prozentige Säure = $\frac{3,3}{1,46}$ = 2,26 l.

301. $\underset{x\,kg}{CaO} + \underset{2\,kg}{K_2CO_3} + \underset{y\,kg}{H_2O} = \underset{z\,kg}{2\,KOH} + CaCO_3$; 138 : 56 = 2 : x; x = 0,812 kg CaO; 138 : 18 = 2 : y; y = 0,261 kg H_2O; 138 : 112 = 2 : z; z = 1,623 kg KOH = 10,82 kg 15prozentige Lauge.

302. 25 l 38prozentige Salzsäure enthalten $\frac{25 \cdot 1,19 \cdot 38}{100}$ = 11,3 kg HCl; $\underset{x\,kg}{2\,NaCl} + \underset{y\,kg}{H_2SO_4} = \underset{11,3\,kg}{2\,HCl} + Na_2SO_4$; 73 : 117 = 11,3 : x; x = 18,1 kg NaCl; 73 : 98 = 11,3 : y; y = 15,2 kg H_2SO_4 = 16,9 kg 90prozentige Säure. 18,1 kg NaCl kosten 3,98 DM; 16,9 kg Säure kosten 4,22 DM; Summa 8,20 DM.

303. $\underset{500\,g}{3\,Sn} + \underset{x\,g}{12\,HCl} + \underset{y\,g}{4\,HNO_3} = 3\,SnCl_4 + 4\,NO + 8\,H_2O$; 356 : 438 = 500 : x; x = 614,3 g HCl = 1536 g

40prozentige Salzsäure; 356 : 252 = 500 : y; y = 354 g HNO_3 = 384,7 g 92prozentige Salpetersäure.

304. 100 Teile der konzentrierten Säure enthalten 73,5 Teile HNO_3; setzt man x Teile Wasser hinzu, so enthalten (100 + x) Teile der verdünnten Säure 73,5 Teile HNO_3, d. h. 100 Teile der verdünnten Säure enthalten $\frac{73,5 \cdot 100}{100 + x}$. Dies st aber gleich 27,5. Folglich ist

$$x = \frac{73,5 \cdot 100}{27,5} - 100 = 167 \text{ Teile Wasser.}$$

305. 500 g Salpetersäure von 27,5% enthalten 137,5 g HNO_3; x g Salpetersäure von 73,5% enthalten $\frac{73,5 \cdot x}{100}$ g HNO_3. Nun ist $\frac{73,5 \cdot x}{100} = 137,5$; $x = \frac{137,5 \cdot 100}{73,5} = 187,1$ g Salpetersäure von 73,5%. 500−187,1 = 312,9 g Wasser sind zuzusetzen.

306. 1 l Normalsäure enthält 63 g HNO_3; x g 52prozentige Säure enthalten $\frac{52 \cdot x}{100}$ HNO_3; g $\frac{52 \cdot x}{100} = 63$; $x = \frac{63 \cdot 100}{52}$ = 121 g 52prozentige Säure. 1000 − 121 = 879 g Wasser sind zuzusetzen.

307. 3 l oder 3 · 1,1 = 3,3 kg 20prozentige Säure enthalten 0,66 kg HCl. Setzt man x kg Wasser zu, so erhält man (3,3 + x) kg 12prozentige Säure mit einem Gehalt von $\frac{(3,3 + x)\,12}{100}$. Nun ist $\frac{(3,3 + x)\,12}{100} = 0,66$; $x = \frac{0,66 \cdot 100}{12} - 3,3 = 2,2$ kg Wasser.

308. 9,37 kg 8prozentige Lauge.

309. 2,66 kg Wasser.

310. 500 g 60prozentige Säure enthalten 300 g H_2SO_4. x g Wasser werden verdampft; dann erhält man (500 – x) g 90prozentige Säure, die $\frac{90(500 - x)}{100}$ g H_2SO_4 enthält. Aus $\frac{90(500 - x)}{100} = 300$ erhält man x = 167 g Wasser.

311. Man erhält 1,529 l Lauge und 3,4862 kg Wasser sind zu verdampfen.

312. Man erhält 8,583 kg 90prozentigen Brei und muß 103 – 8,589 = 94,417 kg Wasser verdampfen.

313. 5 kg 70proz. Säure enthalten 3,5 kg HNO_3
x kg 94 „ „ „ 0,94 · x kg HNO_3

(5 + x) kg 84proz. Säure enth. (3,5 + 0,94 · x) kg HNO_3.
Also ist 3,5 + 0,94 x = 0,84 (5 + x);
x = 7 kg 94prozentige Säure.

314. x kg 15proz. Säure enthalten 0,15 · x kg H_2SO_4
y kg 62 „ „ „ 0,62 · y kg H_2SO_4

x + y = 20 kg 40proz. Säure enthalten (0,15 x + 0,62 y) kg H_2SO_4;
20 kg 40proz. Säure enthalten 0,4 · 20 = 8 kg H_2SO_4

0,15 x + 0,62 y = 8 und x + y = 20; x = 9,36;
y = 10,64.

XII. Osmotischer Druck

Der osmotische Druck eines gelösten Stoffes ist ebenso groß wie der Druck, den er im gasförmigen Zustande haben würde, wenn er denselben Raum wie in der Lösung ausfüllte; er ist also für äquimolekulare Lösungen verschiedener Stoffe bei gleichen Temperaturen derselbe; endlich ist er proportional der absoluten Temperatur.

Es seien a g eines Körpers vom Molekulargewicht m in b l Lösung bei der absoluten Temperatur T° enthalten. Dann hat offenbar 1 Grammolekül eines gasförmigen bzw. gelösten Körpers, der bei 0°, d. h. 273° absoluter Temperatur, einen Raum von 22,4 l einnimmt, 1 Atmosphäre Druck; folglich haben $\frac{a}{m}$ Grammoleküle, die bei T° einen Raum von b l einnehmen, einen Druck $p = \frac{22{,}4 \cdot a}{b \cdot m} \cdot \frac{T}{273}$.

315. $a = 1{,}5$ g; $m = 229$; $b = \frac{0{,}3}{0{,}885} = 0{,}338$ l. $T = 273 + 20 = 293$; folglich $p = 0{,}466$ Atm.

316. $a = 3$ g; $b = \frac{0{,}150}{0{,}885} = 0{,}169$ l; $m = 152$; $T = 293$; folglich $p = 2{,}81$ Atm.

317. Bei vollständig dissoziierten Stoffen, z. B. den Elektrolyten in stark verdünnten, wässerigen Lösungen, ist die Anzahl der Ionen zwei-, drei- oder viermal so groß wie diejenige der Moleküle; daher hat auch der osmotische Druck den zwei-, drei- oder vierfachen Wert. Man setzt dann in die obige Formel für m nur die Hälfte bzw. ein Drittel oder ein Viertel des Werts des Molekulargewichts ein. Wird der osmotische Druck durch die Höhe p einer Quecksilbersäule gemessen, so ist dann $p = \frac{760 \cdot 22{,}4 \cdot a \cdot T}{b \cdot \frac{m}{n} \cdot 273}$, wenn n die Anzahl der Ionen bedeutet, in welche ein Molekül zerfällt. $p = 0{,}594$ Atm.

318. $a = 1{,}2$; $b = 1$ l; $m = 58{,}5$; $n = 2$; $\frac{m}{n} = 29{,}3$; $T = 303$: folglich $p = 774$ mm.

319. a) $p = \frac{22,4 \cdot 0,4 \cdot 288}{0,2 \cdot 85 \cdot 273} = 0,556$ Atm.

b) $p = \frac{22,4 \cdot 1,2 \cdot 298}{0,85 \cdot 69,5 \cdot 273} = 0,498$ Atm.

c) $p = \frac{22,4 \cdot 3 \cdot 291}{1,7 \cdot 58,1 \cdot 273} = 0,725$ Atm.

d) In 7 g Alaun ist gemäß der Formel $KAl(SO_4)_2 + 12\,H_2O$ 3,81 g $KAl(SO_4)_2$ enthalten. Dieses ist in 4 Ionen gespalten; daher ist $p = \frac{22,4 \cdot 3,81 \cdot 288}{1,7 \cdot 64,5 \cdot 273} = 0,821$ Atm.

320. Die prozentuale Zusammensetzung gibt die empirische Formel $C_{12}H_{22}O_{11}$; das entsprechende Molekulargewicht würde 342 sein. Aus der Gleichung für den osmotischen Druck ergibt sich

$$m = \frac{760 \cdot a \cdot T \cdot 22,4}{p \cdot b \cdot 273} = \frac{760 \cdot 4 \cdot 288 \cdot 22,4}{2082 \cdot 0,1 \cdot 273} = 345.$$

Dieser Wert stimmt gut überein mit 342.

321. $m = \frac{22,4 \cdot 24,6}{1,3 \cdot 7} = 60,55$. Der theoretische Wert für Harnstoff $CO(NH_2)_2$ ist 60.

XIII. Dampfdruckerniedrigung

Löst man in einer Flüssigkeit von der Dampfspannung e einen nichtflüchtigen Stoff, so beträgt die Dampfdruckerniedrigung $\varepsilon = \frac{e \cdot \mu}{\mu + \mu'}$, wenn μ und μ' die Zahl der in einem Quantum der Lösung enthaltenen Grammolekeln des gelösten Körpers und des Lösungsmittels und e die Dampfspannung des Lösungsmittels bedeuten. Enthält eine Lösung p g des Körpers und p′ g des Lösungsmittels und sind m und m' die Molekulargewichte, so ist $\mu = \frac{p}{m}$ und $\mu' = \frac{p'}{m'}$;

folglich ist $\varepsilon = \frac{e \cdot p}{p + \frac{m}{m'} \cdot p'}$. Hieraus ergibt sich $m = \frac{m' \cdot p(e-\varepsilon)}{p' \varepsilon}$.

322. $m = \frac{18 \cdot 5 \cdot 745,6}{150 \cdot 1,4} = 320$. Der theoretische Wert für $C_{12}H_{22}O_{11}$ ist 342.

323. $m = \frac{74 \cdot 10,2 \cdot 224,5}{100 \cdot 13,5} = 126$. Der theoretische Wert für $C_7H_6O_3$ ist gleich 138.

324. Es ist $m' = 18$; $p = 8,9$ g; $e = 733$; $p' = 49,4$; $\varepsilon = 733 - 712,4 = 20,6$. Folglich ist $m = \frac{18 \cdot 8,9 \cdot 712,4}{49,4 \cdot 20,6} = 112$. Der richtige Wert für $C_{10}H_8$ ist gleich 128.

XIV. Siedepunktserhöhung

Die Erhöhung des Siedepunktes eines flüchtigen Lösungsmittels durch Auflösen eines nichtflüchtigen Stoffes ist proportional dem Prozentgehalt der Lösung und für äquimolare Mengen mehrerer Substanzen im selben Lösungsmittel dieselbe. Die Erhöhung E des Siedepunktes, welche durch Auflösen eines Grammoleküls m der Substanz in 1000 g Lösungsmittel erfolgt, nennt man die molare Siedepunktserhöhung; es ist $E = \frac{m(t_1 - t)}{p}$, wenn p g Substanz in 1000 g Lösungsmittel gelöst sind, t der Siedepunkt des reinen Lösungsmittels und t_1 der Siedepunkt der Lösung ist. Sind p_1 g Substanz in P g Lösungsmittel gelöst, so ist $E = \frac{m \cdot P \cdot (t_1 - t)}{p_1 \cdot 1000}$.

Aus dieser Gleichung folgt $m = \frac{E \cdot p_1 \cdot 1000}{P(t_1 - t)}$.

325. Es ist $m = \frac{0{,}515 \cdot 1 \cdot 1000}{100 \cdot 0{,}059} = 87$. Der empirischen Formel CHO_2 entspricht ein Molekulargewicht 45, d. h. etwa der Hälfte von 87. Die gesuchte Formel ist daher $C_2H_2O_4$.

326. $m = \frac{0{,}515 \cdot 6{,}6 \cdot 1000}{150 \cdot 0{,}363} = 62{,}5$. Das richtige Molekulargewicht für H_3BO_3 ist 62.

327. $m = \frac{2{,}29 \cdot 1{,}24 \cdot 1000}{120 \cdot 0{,}099} = 240$. Dieser Zahl kommt am nächsten $S_8 = 256$.

328. $m = \frac{2{,}29 \cdot 2{,}4 \cdot 1000}{100 \cdot 0{,}443} = 124$. Da das Atomgewicht des Phosphors 31 ist, so ist die Zahl der Atome in der Molekel $n = \frac{124}{31} = 4$.

329. $m = \frac{1{,}83 \cdot 3{,}14 \cdot 1000}{50 \cdot 0{,}454} = 254$. Da das Atomgewicht des Jods = 126,9 ist, so ist die Formel des Jodmoleküls J_2.

XV. Gefrierpunktserniedrigung

Die Gefrierpunktserniedrigung, die ein Lösungsmittel durch Auflösen eines Stoffes erfährt, ist proportional dem Prozentgehalt der Lösung und für äquimolare Mengen verschiedener Substanzen im selben Lösungsmittel dieselbe. Die Gefrierpunktserniedrigung E, welche durch Auflösen eines Grammoleküls m der Substanz in 1000g Lösungsmittel erfolgt, nennt man die molare Gefrierpunktserniedrigung; es ist $E = \frac{m(t - t_1)}{p}$, wenn p g Substanz in 1000 g Lösungsmittel gelöst sind, t der Gefrierpunkt des reinen Lösungsmittels und t_1 der Gefrierpunkt der Lösung ist. Sind p_1 g Substanz in P g Lösungsmittel gelöst, so ist $E = \frac{m \cdot P \cdot (t - t_1)}{p_1 \cdot 1000}$.

Hieraus folgt $m = \frac{E \cdot p_1 \cdot 1000}{P \cdot (t - t_1)}$.

330. $m = \frac{5{,}1 \cdot 2{,}721 \cdot 1000}{100 \cdot 1{,}826} = 76$. Das berechnete Molekulargewicht von $C_4H_{10}O$ ist 74.

331. $m = \frac{7{,}3 \cdot 0{,}3943 \cdot 1000}{14{,}34 \cdot 0{,}712} = 276$. $C_7H_7N_2O$ besitzt das Molekulargewicht 135; diese Zahl ist nahezu die Hälfte von 276; also ist die gesuchte Formel $C_{14}N_4O_2$.

332. $m = \frac{3{,}9 \cdot 0{,}652 \cdot 1000}{140 \cdot 0{,}161} = 113$. Das richtige Molekulargewicht für C_7H_6O ist 106.

333. $m = \frac{7{,}3 \cdot 0{,}05 \cdot 1000}{5 \cdot 4} = \frac{73}{4} = 18$.

334. $m = \frac{40 \cdot 0{,}0018 \cdot 1000}{0{,}2081 \cdot 7} = 49$.

XVI. Bestimmung von Atomgewichten

335. J = 124,65
336. Te = 128,9.
337. Pb = 207,8.
338. Pb = 207,14.
339. Al = 27,31.
340. Na = 23,02
341. Ca = 40.
342. B = 11,04.
343. Ba = 137,08.
344. O = 16,005.
345. Pb = 206,5.
346. Ag = 107,94.

347. Man erhält aus den gegebenen Daten durch Kombination von je zweien 3 Werte für das gesuchte Atomgewicht von Chrom: 52,63; 52,55; 52,52.

348. Ne = 20,7 (20,2) Ca = 42,8 (40,1)
Zn = 66,3 (65,4) Zr = 91,2 (91,2)

XVII. Bestimmung von Molekulargewichten durch chemische Mittel

349. Das Verhältnis der Atomzahlen der Säure erhält man durch Division der Prozentzahlen durch die Atomgewichte: $C:H:O = \frac{6,21}{12} : \frac{4,35}{1,01} : \frac{69,55}{16} = 2,18 : 4,31 : 4,35$ $= 1:2:2$. Die Molekularformel ist daher $C_nH_{2n}O_{2n}$. Für das Silbersalz findet man: $C:H:O:Ag = \frac{7,84}{12}:\frac{0,65}{1,01}:\frac{20,92}{16}:\frac{70,59}{107,9}$ $= 0,653 : 0,644 : 1,31 : 0,653 = 1:1:2:1$; seine Molekularformel ist also $C_nH_nO_{2n}Ag_n$. Wäre n verschieden von 1, etwa gleich 2 oder 3, so wäre die Säure mehrbasisch, weil mehr als ein Wasserstoffatom durch Silber ersetzt worden wäre, sie könnte also auch saure Salze bilden. Die Säure soll aber nach der Aufgabe einbasisch sein; also ist die Formel $CH_2O_2 = HCOOH$ (Ameisensäure).

350. $C:H:O = \frac{68,9}{12}:\frac{4,9}{1,01}:\frac{26,2}{16} = 5,74 : 4,85 : 1,64 =$ $7:6:2$; also ist die Formel $C_{7n}H_{6n}O_{2n}$. Da die Säure einbasisch ist, so ist die Formel des Silbersalzes $C_{7n}H_{6n-1}O_{2n}Ag$ Nun verhält sich $[84\,n + (6\,n - 1) \cdot 1,01 + 32\,n] : 107,9$ $= 52,9 : 47,1$, woraus $n = 1$ folgt. Gesuchte Formel $C_7H_6O_2$.

351. $C : H : O = \frac{40}{12} : \frac{6,6}{1,01} : \frac{53,4}{16} = 3,33 : 6,53 : 3,34$ $= 1:2:1$. Daher ist die Formel $C_nH_{2n}O_n$. Das Silbersalz ist $C_nH_{2n-1}O_nAg$. Demnach ist $[12\,n + 1,01\,(2\,n - 1)$ $+ 16\,n] : 107,9 = 35,3 : 64,7$; $n = 2$. Die Formel ist $C_2H_4O_2$.

352. Die Säure hat die Formel $C_nH_{2n}O_n$, ihr Silbersalz ist $C_nH_{2n-1}O_nAg$. Demnach ist $[12\,n + 1,01\,(2\,n - 1)$ $+ 16\,n] : 107,9 = 45,2 : 54,8$; $n = 3$. Die Formel der Säure ist also $C_3H_6O_3$.

353. Das Verhältnis der Atomzahlen ist bei der Säure $C:H:O = \frac{32}{12} : \frac{4}{1,01} : \frac{64}{16} = 2,67:4:4 = 2:3:3$; also ist die Formel $C_{2n}H_{3n}O_{3n}$. Die Formel des sauren Kaliumsalzes ist somit $C_{2n}H_{3n-1}O_{3n}K$. Nun verhalten sich die Massen Kohlenstoff zu Wasserstoff wie $2n \cdot 12 : (3n - 1) \cdot 1,01 = 25,53 : 2,67$; $n = 2$. Die Formel ist also $C_4H_6O_6$.

354. $C : H : O = \frac{40,68}{12} : \frac{5,08}{1,01} : \frac{54,24}{16} = 3,39:5:3,39 = 2:3:2$; also ist die Formel $C_{2n}H_{3n}O_{2n}$. Das neutrale Salz hätte die Formel $C_{2n}H_{3n-2}O_{2n}Na_2$ und das saure Salz $C_{2n}H_{3n-1}O_{2n}Na$. Nun ist $[24n + (3n - 2)\ 1,01 + 32n + 46] : 46 = 100 : 28,4$; $n = 2$; die Formel der Säure ist also $C_4H_6O_4$.

355. $C : H : N = \frac{77,4}{12} : \frac{7,5}{1,01} : \frac{15,1}{14,01} = 6,45 : 7,43 : 1,08 = 6:7:1$. Die Formel ist demnach $C_{6n}H_{7n}N_n$. Da der Körper einbasisch ist, so ist die Formel des Chlorhydrats $C_{6n}H_{7n}N_n \cdot HCl$. Nun verhält sich $(12 \cdot 6n + 1,01 \cdot 7n + 14,04 \cdot n + 1,01 + 35,45) : 12 \cdot 6n = 100 : 56$; $n = 1$. Die Formel ist also $C_6H_7N = C_6H_5 \cdot NH_2$ (Anilin).

356. $C:H:N = \frac{78,4}{12} : \frac{8,5}{1,01} : \frac{13,1}{14,01} = 7:9:1$; die Formel ist $C_{7n}H_{9n}N_n$; das Chlorhydrat ist $C_{7n}H_{9n}N_n \cdot HCl$. Nun ist $C_{7n}H_{9n}N_n \cdot HCl + AgNO_3 = AgCl + C_{7n}H_{9n}N_n \cdot HNO_3$. $(12 \cdot 7n + 1,01 \cdot 9n + 14,01n + 1,01 + 35,46) : (107,93 + 35,46) = 2,8614 : 2,8593$; $n = 1$. Toluidin hat also die Formel $C_7H_9N = C_6H_4 \cdot CH_3 \cdot NH_2$.

357. Die Formel für das Monochlorhydrat ist N_2H_5Cl, für das neutrale Chlorhydrat $N_2H_6Cl_2$ und für das freie Hydrazin N_2H_4.

358. Die Formel ist $C_7H_8 = C_6H_5 \cdot CH_3$.

359. Es möge X das Symbol und x das Molekulargewicht von Toluidin bezeichnen. Dann ist die Formel der Verbindung $(XH)_2\,[PtCl_6]$. Nun verhält sich $[2\,(x + 1{,}01) + 195{,}2 + 6 \cdot 35{,}46] : 195{,}2 = 0{,}934 : 0{,}2916$; $x = 107{,}5$.

XVIII. Maßanalyse

a) Alkalimetrie

360. 31,51 g Oxalsäure.

361. 40,01 g Ätznatron; 56,11 g Ätzkali; 53 g Na_2CO_3; 49,04 g Schwefelsäure; 31,6 g Permanganat; 166 g Kaliumjodid; 169,9 g Silbernitrat.

362. $53 : 10000 = 1{,}4 : x$; $x = 264$ ccm Wasser.

363. 32,5 ccm Normaloxalsäure neutralisieren 20 ccm Natronlauge; 1000 ccm Normaloxalsäure neutralisieren $\frac{20 \cdot 1000}{32{,}5} = 615$ ccm Natronlauge. Es müssen also zu 615 ccm Lauge $1000 - 615 = 385$ ccm Wasser zugesetzt werden oder zu 380 ccm Lauge $\frac{385 \cdot 380}{616} = 238$ ccm Wasser.

364. 15,2 ccm N.-Salzsäure neutralisieren 15,2 ccm N.-Natronlauge; diese enthalten $\frac{40{,}01 \cdot 15{,}2}{1000}$ g NaOH. Die gesuchte Prozentzahl ergibt sich aus der Proportion $22 : \frac{40{,}01 \cdot 15{,}2}{1000} = 100 : x$; $x = 2{,}76\%$.

365. $7 : \frac{69{,}1 \cdot 65}{1000} = 100 : x$; $x = 64{,}15\%$.

366. b ccm $\frac{1}{10}$ N.-$BaCl_2$-Lösung neutralisieren $\frac{53 \cdot b}{10000}$ g Na_2CO_3. $a : \frac{53 \cdot b}{10000} = 100 : x$; $x = \frac{53 \cdot b}{100 \cdot a} = 11{,}3\%$.

367. 4 ccm N.-Salzsäure neutralisieren $\frac{74{,}09 \cdot 4}{2000} = 0{,}1482$ g $Ca(OH)_2$; 4,5 ccm N.-Salzsäure neutralisieren

$$\frac{74{,}09 \cdot 4{,}5}{2000} = 0{,}1667 \text{ g } Ca(OH)_2.$$

368. 10,7 ccm N.-Schwefelsäure neutralisieren $\frac{39{,}1 \cdot 10{,}7}{1000}$ $\triangleq$ 0,4184 g Kalium. Da nur der vierte Teil der Lösung verwendet worden ist, so enthalten 2,5 g Kaliumhydroxyd $0{,}4184 \cdot 4 = 1{,}6736$ g Kalium.

369. 109,68 ccm N.-Schwefelsäure neutralisieren $\frac{40{,}01 \cdot 109{,}68}{1000}$ g NaOH. Diese Menge NaOH ist in $25 \cdot 1{,}170$ g Natronlauge enthalten. 100 g der Lauge enthalten daher $\frac{40{,}01 \cdot 109{,}68 \cdot 100}{1000 \cdot 25 \cdot 1{,}170} = 15$ g NaOH. Die Lauge ist 15prozentig.

370. Die zur Neutralisation verwendete Menge $\frac{1}{10}$ N.-Salzsäure betrug 54,6 ccm, diese neutralisieren $\frac{5{,}3 \cdot 54{,}6}{1000}$ g Na_2CO_3. Da diese Menge in 0.80 g enthalten ist, so sind in 100 g $\frac{5{,}3 \cdot 54{,}6 \cdot 100}{1000 \cdot 0{,}80} = 36{,}2\%$ Na_2CO_3.

371. 3,87% Na_2CO_3.

372. Es seien x g Na_2CO_3 und y g NaOH in 10 g Rohsoda enthalten; diese erfordern $\frac{x \cdot 1000}{53} + \frac{y \cdot 1000}{40}$ ccm N.-Schwefelsäure. Da nur der vierte Teil der Lösung benutzt worden ist, so ist:

$$1)\quad \frac{x \cdot 100}{53} + \frac{y \cdot 1000}{40} = 16{,}98 \cdot 4.$$

Bei der zweiten Messung ist nur das Ätznatron wirksam; es erfordern y g NaOH $\frac{y \cdot 10000}{40}$ ccm $\frac{1}{10}$ N.-Oxalsäure. Demnach ist:

$$2)\ \frac{y \cdot 10000}{40} = 55{,}64 \cdot 4.$$

Aus 1) und 2) ergibt sich $y = 0{,}889$ g und $x = 2{,}421$ g.

373. Die verbrauchte Normalsäure beträgt $30 - 3{,}23 = 26{,}77$ ccm; diese neutralisiert $\frac{17 \cdot 26{,}77}{1000}$ gNH_3. In $2 \cdot 0{,}910$ g Ammoniakflüssigkeit sind $\frac{17 \cdot 26{,}77}{1000}$ g NH_3; in 100 g Ammoniakflüssigkeit sind also 25,04 g NH_3 enthalten.

b) Azidimetrie

374. 0,00948 g.

375. $\frac{1}{10}$ N.-Lösung muß in 1000 ccm 4,904 g H_2SO_4 enthalten; ist x die Menge, auf die 805 ccm verdünnt werden sollen, so ist $4{,}904 : 1000 = 4 : x$; $x = 814{,}9$. Man muß also $814{,}9 - 805 = 9{,}9$ ccm Wasser zusetzen.

376. 1000 ccm N.-Kalilauge sättigen 60,03 g Essigsäure; 10 ccm N.-Kalilauge sättigen 0,6003 g Essigsäure. Diese Menge Essigsäure soll in 10 ccm Essig enthalten sein, in 100 g Essig also 6,003 g Essigsäure.

377. $12{,}8 : 10 = 1000 : x$; $x = 781{,}2$ ccm.

378. 26,65 ccm.

379. 41,2%.

380. 28 ccm N.-Kalilauge sättigen $\frac{28 \cdot 46{,}02}{1000} = 1{,}28856$ g HCOOH; 29 ccm N.-Kalilauge sättigen 1,33458 g. Diese Menge ist in 5 ccm oder in $5 \cdot 1{,}060$ g bis $5 \cdot 1{,}063$ g oder in 5,3 g bis 5,315 g enthalten. Die in 100 g Ameisensäure enthal-

tene Menge HCOOH findet man aus den Proportionen 5,3 : 1,28856 = 100 : x; x = 24,31 g HCOOH; 5,315 : 1,33458 = 100 : x; x = 25,1 g HCOOH.

381. 99,1%.

382. 0,4 ccm N.-Kalilauge sättigen $\frac{0,4 \cdot 46,02}{1000} = 0,0184$ g HCOOH. In 100 g Honig dürfen demnach 10 · 0,0184=0,184 g HCOOH enthalten sein.

383. 250 ccm der ersten Lauge sättigen $\frac{10 \cdot 250}{12,5}$ ccm N.-Oxalsäure; x ccm der zweiten Lauge sättigen $\frac{10 \cdot x}{8,2}$ ccm N.-Oxalsäure; folglich (250 + x) ccm der zusammengegossenen Lauge sättigen $\left(\frac{10 \cdot 250}{12,5} + \frac{10 \cdot x}{8,2}\right)$ ccm N.-Oxalsäure. Da nun gleiche Volumina N.-Säure und N.-Base sich sättigen, so besteht die Gleichung

$$\frac{10 \cdot 250}{12,5} + \frac{10 \cdot x}{8,2} = 250 + x; \; x = 227,3 \text{ ccm.}$$

384. 136,2 ccm N.-Natronlauge sättigen 0,03647 · 136,2 = 4,967 g HCl. Da 1 Mol. = 36,47 g HCl Gas i. N. den Raum 22,4 l einnimmt, so nehmen 4,967 g $\frac{22,4 \cdot 4,967}{36,46} = 3,05$ l oder 3,218 l bei 15° ein; diese sind enthalten in 12,05 g wässeriger Säure oder in 12,05 − 4,964 = 7,086 ccm Wasser. In 1 ccm Wasser sind demnach $\frac{3218}{7,086} = 454,1$ ccm HCl Gas von 15° enthalten.

385. Formaldehyd und Ammoniak bilden Hexamethylentetramin $\underset{180,1}{6\ HCOH} + \underset{68,12}{4\ NH_3} = (CH_2)_6N_4 + 6\ H_2O$. Die 10 ccm Ammoniaklösung wiegen 9,6 g; da sie 10prozentig

sein soll, enthält sie 0,96 g NH_3. Der Überschuß an NH_3 wird durch die N.-Salzsäure gebunden, von der 20 – 4 = 16 ccm verbraucht werden; nun sättigt 1 ccm N.-Salzsäure $\frac{1}{1000}$ Mol. = 0,01703 g NH_3, 16 ccm sättigen also 0,272 g NH_3. Demnach werden 0,96 – 0,272 = 0,688 g NH_3 zur Bildung von Hexamethylentetramin verwendet. Nun verhält sich 68,12 : 180,1 = 0,688 : x; x = 1,819 g Formaldehyd. Diese Menge ist enthalten in 5 · 1,081 = 5,405 g Lösung; in 100 g sind daher 33,65 g Formaldehyd.

386. Zur Neutralisation der Kohlensäure sind 400 – 383,9 = 16,1 ccm $\frac{1}{10}$ N.-Bariumhydroxidlösung gebraucht worden. Da nun 10000 ccm $\frac{1}{10}$ N.-Lösung $\frac{1}{2}$ Mol. = 11,2 l CO_2 neutralisieren, so entsprechen den 16,1 ccm $\frac{1}{10}$ N.-Lösung $\frac{11{,}2 \cdot 16{,}1}{10000}$ = 0,018 l CO_2, die in 120 l Luft enthalten sind. In 100 l Luft sind daher 0,015 l CO_2.

c) Permanganatlösung

387. Die Wirkung der Permanganatlösung beruht auf der Menge von Sauerstoff, der in Gegenwart einer genügenden Menge Schwefelsäure abgegeben wird, gemäß der Gleichung $2\,KMnO_4 + 3\,H_2SO_4 = K_2SO_4 + 2\,MnSO_4 + 5\,O + 3\,H_2O$. Diese 5 Atome O vermögen 10 Atome H zu oxydieren. Es entsprechen also 2 Mol. $KMnO_4$, d. h. 316 g 10 Grammatomen oder 10 g H. Eine Normalpermanganatlösung, die auf 1 g H eingestellt ist, enthält somit im Liter 31,6 g; $\frac{1}{10}$ N.-Lösung 3,16 g $KMnO_4$.

388. Die Oxydation des Eisen(II)-salzes verläuft nach der Gleichung $10\,FeSO_4 + 8\,H_2SO_4 + 2\,KMnO_4 = 5\,Fe_2(SO_4)_3 + K_2SO_4 + 2\,MnSO_4 + 8\,H_2O$. 10 Grammatome = 558,4 g Fe werden oxydiert durch 2 Mol. = 316 g $KMnO_4$. 5,584 g Fe erfordern demnach 3,16 g $KMnO_4$ oder 1000 ccm $\frac{1}{10}$ N.-Lösung. 0,44 g Eisendraht oder 0,4382 g reines Eisen brauchen somit 78,48 ccm N.-Lösung. Tatsächlich wurden 71,24 ccm ge-

braucht; sie sind also mit 7,24 ccm Wasser zu verdünnen; die übrigbleibenden 825 ccm Lösung sind also mit 83,84 ccm Wasser zu verdünnen.

389. $2\,KMnO_4 + 3\,H_2SO_4 + 5\,C_2O_4H_2 = K_2SO_4 + 2\,MnSO_4 + 10\,CO_2 + 8\,H_2O$. 5 Mol. = 450,1 g Oxalsäure erfordern 2 Mol = 316 g = 100000 ccm $\frac{1}{10}$ N.-Permanganatlösung. 0,062 g Oxalsäure erfordern 13,78 ccm $\frac{1}{10}$ N.-Permanganatlösung. Man muß also 12,42 ccm Lösung mit 1,36 ccm Wasser, folglich 512 ccm Lösung mit 56,06 ccm Wasser verdünnen.

390. 56,24 ccm $\frac{1}{10}$ N.-Permanganatlösung entsprechen $56{,}24 \cdot 0{,}005584 = 0{,}3140$ g Eisen. Die gesuchte Prozentzahl erhält man nun aus der Proportion $0{,}912 : 0{,}3140 = 100 : x$; $x = 34{,}43\%$.

391. 93,2%. Lösung ähnlich 390.

392. 54,1%. Lösung ähnlich 390.

393. $3\,MnSO_4 + 2\,KMnO_4 + 2\,H_2O = 5\,MnO_2 + K_2SO_4 + 2\,H_2SO_4$. 2 Mol = 316 g $KMnO_4$ oxydieren 3 Grammatome = 164,8 g Mn. Da nun in 1000 ccm $\frac{1}{10}$ N.-Permanganatlösung 3,16 g $KMnO_4$ enthalten ist, so neutralisiert 1 ccm der Lösung 0,001648 g Mn. 5,48 ccm Permanganatlösung oxydieren daher 0,00903 g Mn. Die Prozentzahl x erhält man aus der Proportion $0{,}0452 : 0{,}00903 = 100 : x$; $x = 19{,}99\%$.

394. Das Eisen(II)-salz wird durch das Mangandioxyd oxydiert, gemäß der Gleichung: $2\,FeSO_4 + 2\,H_2SO_4 + MnO_2 = Fe_2(SO_4)_3 + MnSO_4 + 2\,H_2O$. Der Rest des Eisen(II)-salzes wird durch das Permanganat oxydiert nach der Gleichung $10\,FeSO_4 + 8\,H_2SO_4 + 2\,KMnO_4 = 5\,Fe_2(SO_4)_3 + K_2SO_4 + 2\,MnSO_4 + 8\,H_2O$. 2 Mol = 316 g $KMnO_4$ oxydieren 10 Grammatome = 558,4 g Eisen; da jene in 100000 ccm $\frac{1}{10}$ N.-Lösung enthalten sind, so ist der Faktor für Eisen 0,005584. Demnach sind durch das Permanganat oxydiert worden $15{,}4 \cdot 0{,}005584 = 0{,}08599$ g Eisen. Da nun 1 Mol = 392,2 g Ammoniumeisen(II)-sulfat 55,84 g Fe enthält, so findet man

die in 2,315 g enthaltene Menge Fe aus der Proportion 392,2 : 55,84 = 2,315 : x; x = 0,3296 g. Demnach sind mit Mangandioxid in Reaktion getreten 0,3296 − 0,0862 = 0,2434 g Fe. Da die Verbindungsgewichte von 2 Fe und MnO_2 gleich 111,7 bzw. 86,93 sind, so findet man die Menge y des Mangandioxids aus der Proportion 111,7 : 86,93 = 0,2434 : y; y = 0,1894 g. Dies ist auf 0,254 g Braunstein bezogen gleich 74,6%.

395. Permanganat und Wasserstoffperoxid zersetzen sich nach der Gleichung: $2\,KMnO_4 + 5\,H_2O_2 + 3\,H_2SO_4 = 2\,MnSO_4 + K_2SO_4 + 8\,H_2O + 5\,O_2$. 2 Mol = 316 g $KMnO_4$ = 100000 ccm $\frac{1}{10}$ N.-$KMnO_4$-Lösung zersetzen 5 Mol = 170,1 g H_2O_2. 35,3 ccm $\frac{1}{10}$ N.-Lösung entsprechen also 0,06005 g H_2O_2. 2,02 : 0,06005 = 100 : x; x = 2,972% H_2O_2.

396. $2\,KMnO_4 + 5\,C_2O_4H_2 + 3\,H_2SO_4 = 2\,MnSO_4 + K_2SO_4 + 8\,H_2O + 10\,CO_2$. 2 Mol = 316,3 g $KMnO_4$ = 100000 ccm $\frac{1}{10}$ N.-Permanganatlösung entsprechen 5 Mol = 450,1 g $C_2O_4H_2$; 27,33 ccm $\frac{1}{10}$ N.-Lösung entsprechen demnach 0,123 g $C_2O_4H_2$. Es sind demnach 1,23% wasserfreie Oxalsäure in der Lösung.

d) Jodometrie

397. 1,5865 g.

398. $2\,Na_2S_2O_3 + 2\,J = 2\,NaJ + Na_2S_4O_6$. 1 Mol kristallisiertes Thiosulfat $Na_2S_2O_3 + 5\,H_2O$ (248,2 g) entspricht einem Grammatom Jod. Man muß daher 24,82 g des Salzes auflösen und zu einem Liter auffüllen.

399. $2\,Na_2S_2O_3 = 2\,J = 2\,NaJ + Na_2S_4O_6$. Da 1 Grammatom Jod = 126,9 g einem Grammolekül Thiosulfat ($Na_2S_2O_3 + 5\,H_2O$) = 248,2 g entsprechen, so entsprechen 29,98 ccm N.-Jodlösung 29,98 · 0,2482 = 7,440 g kristallisiertem Thiosulfat. Diese sind enthalten in 25 · 1,144 g Lösung, also findet man die gesuchte Prozentzahl aus der Gleichung 25 · 1,144 : 7,440 = 100 : x; x = 26,01%.

400. $SnCl_2 + 2\,HCl + 2\,J = SnCl_4 + 2\,HJ$. Hiernach wirken 10000 ccm $\frac{1}{10}$ N.-J.-Lösung auf 94,8 g $SnCl_2$; 5,52 ccm Jodlösung entsprechen daher 0,0524 g $SnCl_2$. Die gesuchte Formel sei nun $SnCl_2 + x\,H_2O$; dann ist das Molekulargewicht gleich $189,6 + 18,02\,x$; nun besteht die Gleichung $(189,6 + 18,02\,x) : 189,6 = 0,0624 : 0,05232$; $x = 2$. Die Formel ist also $SnCl_2 + 2\,H_2O$.

401. $2\,Na_2S_2O_3 + 2\,J = 2\,NaJ + Na_2S_4O_6$. 10000 ccm Thiosulfatlösung weisen 126,9 g Jod nach; 13,07 ccm Thiosulfatlösung weisen $0,01269 \cdot 13,07 = 0,1659$ g Jod nach. Diese sind in $0,830 \cdot 2 = 1,66$ g Tinktur enthalten; folglich ist die Lösung 10prozentig.

402. 10000 ccm $\frac{1}{10}$ N.-Lösung weisen 35,46 g Cl nach; 14,1 ccm $\frac{1}{10}$ N.-Lösung weisen $0,003546 \cdot 14,1 = 0,05$ g Cl nach. $10 : 0,05 = 100 : x$; $x = 0,5\%$ Cl.

403. 25% Cl.

404. Der Chlorkalk enthält 29,4% wirksames Chlor. 1 kg Chlorkalk liefert 92,7 l Cl.

405. $2\,J + SO_2 + 2\,H_2O = 2\,HJ + H_2SO_4$. 10000 ccm J wirken auf 32,03 g SO_2; 50 ccm J wirken auf $0,003203 \cdot 50 = 0,16015$ g SO_2. Die gesuchte Prozentzahl findet man aus der Proportion $2,55 \cdot 1,023 : 0,16015 = 100 : x$; $x = 6,132\%$.

406. 25 ccm $\frac{1}{10}$ N.-Jodlösung weisen 28 ccm SO_2 i. N. = 30,95 ccm SO_2 von 24° und 748 mm Druck nach. Nun ist das Volumen des durchgesogenen Gases gleich dem Volumen des abgelaufenen Wassers, vermehrt um das Volumen des absorbierten Schwefeldioxyds, d. h. gleich $592,2 + 30,95 = 623,15$ ccm. Also ergibt sich der Prozentgehalt aus der Proportion $623,15 : 30,95 = 100 : x$; $x = 4,97\%$.

407. $As_2O_3 + 2\,NaHCO_3 = 2\,NaAsO_2 + 2\,CO_2 + H_2O$. $2\,NaAsO_2 + 6\,NaHCO_3 + 4\,J = 4\,NaJ + 2\,Na_2HAsO_4 + 6\,CO_2 + 2\,H_2O$. Hiernach oxydiert 1 Grammatom Jod oder

$10000\,ccm\ \frac{1}{10}$ Normaljodlösung $\frac{1}{4}$ Mol $= \frac{197,9}{4} = 49,5$ g As_2O_3; 10 ccm Jodlösung oxydieren also 0,0495 g As_2O_3. Diese Menge soll in 10 ccm der Lösung, d. h. im zehnten Teil derselben, enthalten sein; daher enthalten 0,5 g der arsenigen Säure 0,495 g As_2O_3. 100 g müssen also mindestens $2000 \cdot 0,495 = 99$ g As_2O_3 enthalten.

408. $As_2O_3 + 4\,J + 2\,H_2O = As_2O_5 + 4\,HJ$. 0,24 g Giftmehl enthalten 0,1207 g As_2O_3, d. h. 50,3%.

409. $2\ KAsO_2 + 6\,NaHCO_3 + 4\,J = K_2HAsO_4 + Na_2HAsO_4 + 4\,NaJ + 6\,CO_2 + 2\,H_2O$. 2 Moleküle $KAsO_2$ entsprechend 1 Mol. $As_2O_3 = 197,9$ g erfordern zur Oxydation 4 Grammatome Jod = 40000 ccm $\frac{1}{10}$ N.-Jodlösung. 20 ccm bzw. 20,2 ccm $\frac{1}{10}$ N.-Lösung oxydieren daher 0,099 bzw. 0,0999 g As_2O_3. Diese Mengen kommen auf 10 ccm Lösung: in 100 ccm derselben sollen daher etwas mehr als 0,99 g und etwas weniger als 0,999 g As_2O_3 enthalten sein.

410. $FeCl_3 + KJ = KCl + FeCl_2 + J$. $2\ J + 2\ Na_2S_2O_3 = 2\ NaJ + Na_2S_4O_6$. 10000 ccm $\frac{1}{10}$ N.-Thiosulfatlösung entsprechen 55,84 g Fe. 4,4 ccm $\frac{1}{10}$ N.-Thiosulfatlösung entsprechen 0,02457 g Fe. Diese Menge ist in 1 g Eisensalmiak enthalten, in 100 g daher 2,457 g Eisen.

e) Fällungsmethoden

411. 1000 : 25 = 5,85 : x; x = 0,1462 g.

412. a) 0,01079; b) 0,0170.

413. 16,99 g.

414. a) 0,005846; b) 0,00355; c) 0,00365.

415. 0,5%.

416. 10,99%.

417. 22,45 ccm $\frac{1}{10}$ N.-Kochsalzlösung zeigen $12,45 \cdot 0,0108 = 0,2422$ g Silber an, d. h. 21,82%.

418. 1 ccm Silberlösung fällt 0,003647 g HCl. Diese Menge darf in 20 ccm Essig enthalten sein; in 1 l des letzteren dem-

nach $50 \cdot 0{,}003647 = 0{,}1823$ g HCl. Enthält der Essig mehr HCl, so wird das Filtrat durch Silberlösung noch eine Fällung erleiden.

419. 97,96 g NH_4Br erfordern 10000 ccm Silberlösung und 0,3 g 30,63 cm. Die 0,3 g Substanz bestehen aus x g Bromid und y g Chlorid. Es gilt $\frac{1000\,x}{9{,}796} + \frac{1000\,y}{5{,}796} = 30{,}9$, was mit $x + y = 0{,}3$ ergibt $x = 0{,}2961$ g NH_4Br, $y = 0{,}0039$ g NH_4Cl. In 100 g des Präparates dürfen also 1,3 g NH_4Cl enthalten sein.

XIX. Indirekte Analyse

420. Im Gemisch seien x g KCl und $(1{,}8440 - x)$ g K_2SO_4. Gemäß der Gleichung $2\,KCl + H_2SO_4 = K_2SO_4 + 2\,HCl$ entstehen aus x g KCl $\frac{174{,}3}{149{,}1} \cdot x$ g K_2SO_4. Nun besteht die Gleichung $1{,}8440 - x + \frac{174{,}3}{149{,}1} \cdot x = 1{,}9233$, woraus $x = 0{,}4692$ g KCl und 1,3748 g K_2SO_4.

421. x sei die Menge NaCl, $a - x$ die Menge Na_2SO_4; dann ist $\frac{142{,}1}{116{,}9} \cdot x + a - x = b$; $x = \frac{(b - a)\,116{,}9}{25{,}2} = 1{,}252$ g NaCl und 1,994 g Na_2SO_4.

422. 0,5900 g KCl und 0,9434 g KBr.

423. x sei die Menge KBr und $(0{,}8 - x)$ die Menge KCl. Nach der Formel $KBr + Cl = KCl + Br$ entstehen aus x g KBr $\frac{74{,}56 \cdot x}{119{,}0}$ g KCl. Man findet x aus der Gleichung $0{,}8 - x + \frac{74{,}56 \cdot x}{119} = 0{,}6792$; $x = 0{,}3235$.

424. 0,918 g NaCl und 0,282 g NaJ. (76,4% NaCl und 23,6% NaJ).

425. Das Gemisch enthalte x g KCl und y g KBr. Dann erfordern $\frac{1}{10}$ Mol. = 7,456 g KCl 1000 ccm $\frac{1}{10}$ N.-Silberlösung; x g KCl also $\frac{1000 \cdot x}{7,456}$ ccm; ebenso brauchen y g KBr $\frac{1000 \cdot y}{11,90}$ ccm. Daher ist $\frac{1000 \cdot x}{7,456} + \frac{1000 \cdot y}{11,90} = 60,8$; $x + y = 0,5026$; hieraus folgt $x = 0,3706$; $y = 0,1320$.

426. 0,754 g NaCl und 0,456 g NaBr.

427. Es seien x g KBr und y g KCl in dem Gemisch. Dann ist 1) $x + y = 1,0230$. Aus 1 Mol = 119 g KBr entsteht 1 Mol = 187,7 g AgBr; also geben x g KBr $\frac{187,8\,x}{119}$ g AgBr. Aus y g KCl erhält man $\frac{143,3\,y}{74,56}$ g AgCl. Demnach ist 2) $\frac{187,8\,x}{119} + \frac{143,3\,y}{74,56} = 1,8345$. Aus 1) und 2) findet man $x = 0,384$ g; $y = 0,649$ g.

428. 1,22 g NaCl und 0,635 g NaBr.
429. 0,1726 g KBr und 0,2426 g KCl.
430. 0,885 g NaCl und 0,435 g NaBr.
431. 0,04403 g Cl und 0,41768 g Br.
432. In 1,5 g Brom sind 0,0415 g Cl, d. h. 3% Cl, enthalten
433. 50% Sn und 50% Pb.
434. 1,52 g $CaCO_3$ und 1,24 g $MgCO_3$.
435. 1,403 g $CaCO_3$ und 0,998 g $MgCO_3$.
436. 1,842 g K_2CO_3 und 0,5205 g Na_2CO_3.
437. 2,10 g NaOH und 1,48 g KOH.
438. 80% Pb; 20% Sb.
439. 11,8 l CO_2 und 3,2 l CO.
440. Die Menge Br verhält sich zur Menge Cl wie 0,5465 : 1.
441. 74,74% KCl und 25,26% NaCl.
442. 50% Sn; 50% Pb.

XX. Aufgaben über Sprengstoffe

443. 2702,7 g Schwarzpulver liefern 1526,7 g feste Stoffe und 761,6 l Gasschwaden i. N. 1 kg Schwarzpulver liefert also 0,565 kg feste Stoffe und 281,8 l Gasschwaden i. N.

$$v_0 = 281{,}8;\ t = \frac{Q}{c} = 2400°;\ f = 2850\ \text{kg}.$$

Es ist $a = 0{,}2818$; $u = \frac{0{,}565}{2{,}4} = 0{,}2354$; $m = 1$. Hieraus berechnet man $P = 19060\ \frac{\text{kg}}{\text{cm}^2}$; $\delta = 1{,}5$.

444. 4 Mol = 908 g liefern 649,6 l Gas; daraus $v_0 = 715$ l und $a = 0{,}715$; $t = 3675°$; $f = 10680$ kg.
Da $a = 0{,}715$ ist, wird $P = 8310$ kg.

445. $v_0 = 862$ l; $a = 0{,}862$; $t = 2600°$; $f = 9370$ kg.

XXI. Massenwirkung

446. $^2/_3$ Wasser, da pro Mol Ester auch 1 Mol Wasser gebildet wird; $^1/_3$ Säure, da $^2/_3$ zur Esterbildung verbraucht wurde, denn pro Mol Säure entsteht 1 Mol Ester.

Die Gleichgewichtskonstante $\varkappa$ ist der Quotient aus dem Produkt der Konzentration der Endstoffe einerseits und dem Produkt der Konzentrationen der Ausgangsstoffe andererseits.

$$\varkappa = \frac{\text{Konz.}_{\text{Ester}} \cdot \text{Konz.}_{\text{Wasser}}}{\text{Konz.}_{\text{Säure}} \cdot \text{Konz.}_{\text{Alkohol}}} = \frac{\frac{2}{3} \cdot \frac{2}{3}}{\frac{1}{3} \cdot \frac{1}{3}} = 4.$$

447. $\frac{0{,}9 \cdot 0{,}9}{0{,}1 \cdot (x - 0{,}9)} = 4 \qquad x = 2{,}925$ Mole Alkohol

448. $\frac{x^2}{(1 - x)(2 - x)} = 4 \qquad x = 0{,}846,$

das sind 85% Esterausbeute. Dasselbe wird erreicht mit 2 Mol Eisessig und 1 Mol Alkohol. Alkohol ist aber billiger als Eisessig. Der zweite Wert der quadratischen Gleichung ist ohne Bedeutung, da x unter 1 sein muß.

449. $$\frac{[HJ]^2}{[H_2]\cdot[J_2]} = \varkappa$$

HJ] sei x; da in jedem Mol. HJ ½ Mol. J_2 enthalten ist, sind noch (5 – x) Mole J_2 und entsprechend viele Mole H_2 vorhanden, also

$$\frac{x^2}{(20 - \frac{x}{2})(5 - \frac{x}{2})} = 50{,}403.$$

Da $\frac{x}{2}$ nicht größer als 5 sein kann, kommt nur der Wert x = 9,750 in Frage.

$$\begin{aligned} 20 - \tfrac{x}{2} &= 15{,}125 \text{ ccm } H_2 \\ 5 - \tfrac{x}{2} &= 0{,}125 \text{ ccm } J_2 \\ x &= 9{,}750 \text{ ccm HJ} \\ \hline & 25{,}000 \text{ ccm Gesamtvolumen.} \end{aligned}$$

XXII. Heßscher Wärmesatz

450. 1. $C + O_2 = CO_2 - 94{,}03$ kcal[1]);
2. $CO + 0{,}5\,O_2 = CO_2 - 67{,}63$ kcal;
3. $C + 0{,}5\,O_2 = CO + x$ kcal.

Man multipliziere Gleichung 2 und 3 mit –1 und addiere alle drei Gleichungen. Dann kommt $0 = -94{,}03 + 67{,}63 - x$ und $x = -26{,}40$ kcal.

451. Man vertausche in der Gleichung 2 die Seiten und addiere alle drei Gleichungen; es folgt

[1]) Weil das System bei der Verbrennung Wärme abgibt, erscheint die Reaktionswärme in der Reaktionsgleichung mit negativem Vorzeichen, eine Bezeichnung, die jetzt bei den meisten Verfassern üblich ist. Wenn eine exotherme Reaktion vorliegt, bei deren Messung die Temperatur des Kalorimeterwassers steigt, erscheint rechts in der Gleichung eine negative Reaktionswärme.

$$H_2 + S + b = H_2S + a + c;$$
$$H_2 + S = H_2S + a + c - b;$$
$$x = a + c - b \text{ kcal};$$
$$x = -41{,}5 - 2{,}6 + 39{,}3 = -4{,}8 \text{ kcal}.$$

452. Vertausche bei Gleichung 3 die Seiten, multipliziere Gleichung 2 mit dem Faktor 4 und Gleichung 3 mit dem Faktor 12. Die Gleichung 4 werde mit 3 multipliziert. Bei Addition aller vier Gleichungen fallen dann alle Stoffbezeichnungen heraus und es kommt: x = 19,67 kcal.

453. + 54,5 kcal.

454. Die Reaktionswärme ergibt sich durch Addition der Bildungswärmen der beteiligten Stoffe, wobei die verschwindenden negativ und die entstehenden positiv gesetzt werden. Für $C + 0{,}5\,O_2 = CO$ folgt, da die Bildungswärmen für C und O_2 0 sind, einfach x = − 26,39 kcal.

455.

$H_2 + S = H_2S$ $\quad x = -4{,}8$

Ferner für: $Zn + S = ZnS$ $\quad x = -41{,}5$

$Zn + H_2SO_4 = ZnSO_4 + H_2$ $\quad x = 194{,}1 - 233{,}4 = -39{,}3$

(H_2SO_4 verschwindet, deshalb negativ eingesetzt).

$ZnS + H_2SO_4 = ZnSO_4 + H_2S$

$$x = 41{,}5 + 194{,}1 - 233{,}4 - 4{,}8 = -2{,}6 \text{ kcal}.$$

(ZnS und H_2SO_4 verschwinden, deshalb negativ eingesetzt).

456.

$2\,C + 2\,O_2 = 2\,CO_2$ $\quad x = 2\;(-94{,}03) = -188{,}06$ kcal

$H_2 + \frac{1}{2}\,O_2 = H_2O$ $\quad x = -68{,}318$ kcal

$C_2H_2 + 2\frac{1}{2}\,O_2 = 2\,CO_2 + H_2O$

$$x = -53{,}9 - 188{,}06 - 68{,}318 = 310{,}3 \text{ kcal}$$

$2\,C + H_2 = C_2H_2$ $\quad x = 53{,}9$ kcal.

Bemerkung: Werte, die aus älteren kalorimetrischen Messungen stammen, stimmen nicht immer mit den berechneten Werten überein. Große Bedeutung hat der Zustand der Stoffe: z. B. für Kohlenstoff gelten verschiedene Werte, je nachdem, ob er als Graphit oder als Diamant vorliegt, desgleichen für Schwefel, der z. B. rhombisch oder monoklin sein kann. Wasser kann flüssig oder gasförmig in die Rechnung einzusetzen sein.

Die dem Anfänger vielleicht ungewohnte Vorzeichenfest, setzung (siehe oben Aufgabe 447) ist schon deshalb nötig, weil sie in den Tabellen der Bildungswärmen ebenso gehandhabt wird.

Diese Tabellen liegen bisher keineswegs vollständig vor, so daß noch immer kalorimetrische Messungen nötig sind, wenn man es nicht vorzieht, die Werte durch Kombination anderer Gleichungen, wie oben geschehen, zu bestimmen.

XXIII. Atomistik

457.

$$\frac{99{,}76 \cdot 16{,}9940}{100} + \frac{0{,}04 \cdot 16{,}9814}{100} + \frac{0{,}20 \cdot 17{,}9981}{100} = 15{,}999.$$

458. $$\frac{16{,}000}{12{,}011} = \frac{x}{12{,}010}, \quad x = 15{,}999$$

459. Halbwertzeit 6 Sekunden.

460. 6 Sekunden. (Die Halbwertzeit ist unabhängig von der Menge des radioaktiven Stoffes und dient deshalb als Maß für die Zerfallsgeschwindigkeit.)

461. 0,438‰.

462. 1580 Jahre.

463. 1,94 Millionen kcal.

464. Ne = 20,7 (20,2), Ca = 42,8 (40,1), Zn = 66,3 (65,4), Zr = 91,2 (91,2). In Klammern die abgekürzten Tabellenwerte.

Chemische Elemente

Ordnungszahl und Name	Zeichen	Atomgewicht	Ordnungszahl und Name	Zeichen	Atomgewicht
89 Aktinium ..	Ac	226,81	29 Kupfer	Cu	63,54
13 Aluminium..	Al	26,9815	57 Lanthan ...	La	138,91
51 Antimon ...	Sb	121,75	3 Lithium	Li	6,939
18 Argon	Ar	39,948	12 Magnesium..	Mg	24,312
33 Arsen	As	74,9216	25 Mangan	Mn	54,9381
85 Astat	At	210	42 Molybdän ..	Mo	95,94
56 Barium	Ba	137,34	11 Natrium ...	Na	22,9898
4 Beryllium ..	Be	9,0122	60 Neodym ...	Nd	144,24
82 Blei	Pb	207,19	10 Neon	Ne	20,183
5 Bor	B	10,811	28 Nickel	Ni	58,71
35 Brom	Br	79,909	41 Niobium ...	Nb	92,906
48 Cadmium ..	Cd	112,40	76 Osmium	Os	190,2
55 Cäsium	Cs	132,905	46 Palladium ..	Pd	106,4
71 Cassiopeium	Cp	174,97	15 Phosphor ..	P	30,9738
58 Cer	Ce	140,12	78 Platin	Pt	195,09
17 Chlor	Cl	35,453	84 Polonium ..	Po	210
24 Chrom	Cr	51,996	59 Praseodym .	Pr	140,907
66 Dysprosium	Dy	162,50	61 Promethium	Pm	145
26 Eisen	Fe	55,847	91 Protaktinium	Pa	231
68 Erbium	Er	167,26	80 Quecksilber .	Hg	200,59
63 Europium...	Eu	151,96	88 Radium	Ra	226,05
9 Fluor	F	18,9984	86 Radon	Rn	222
87 Frankium ..	Fr	223	75 Rhenium ...	Re	186,2
64 Gadolinium .	Gd	157,25	45 Rhodium ...	Rh	102,905
31 Gallium	Ga	69,72	37 Rubidium ..	Rb	85,47
32 Germanium .	Ge	72,59	44 Ruthenium .	Ru	101,07
79 Gold	Au	196,967	62 Samarium ..	Sm	150,35
72 Hafnium ...	Hf	178,49	8 Sauerstoff ..	O	15,9994
2 Helium	He	4,0026	21 Scandium ..	Sc	44,956
67 Holmium ...	Ho	164,930	16 Schwefel ...	S	32,064
49 Indium	In	114,82	34 Selen	Se	78,96
77 Iridium	Ir	192,2	47 Silber	Ag	107,870
53 Jod	J	126,9044	14 Silizium	Si	28,086
19 Kalium	K	39,102	7 Stickstoff ..	N	14,0067
20 Kalzium ...	Ca	40,08	38 Strontium ..	Sr	87,62
27 Kobalt	Co	58,9332	73 Tantal	Ta	180,948
6 Kohlenstoff .	C	12,01115	43 Technetium	Tc	98,91
36 Krypton ...	Kr	83,80	52 Tellur	Te	127,60

Ordnungszahl und Name	Zeichen	Atomgewicht	Ordnungszahl und Name	Zeichen	Atomgewicht
65 Terbium ...	Tb	158,924	83 Wismut	Bi	208,980
81 Thallium ...	Tl	204,37	74 Wolfram ...	W	183,85
90 Thorium ...	Th	232,038	54 Xenon	X	131,30
69 Thulium ...	Tm	168,934	70 Ytterbium ..	Yb	173,04
22 Titan	Ti	47,90	39 Yttrium	Y	88,905
92 Uran	U	238,03	30 Zink	Zn	65,37
23 Vanadium ..	V	50,942	50 Zinn	Sn	118,69
1 Wasserstoff .	H	1,00797	40 Zirkon	Zr	91,22

Transuranische Elemente

(aufgeführt nach Ordnungszahlen)

93 Neptunium .	Np	237	100 Fermium ..	Fm	255
94 Plutonium ..	Pu	242	101 Mendelevium	Md	256
95 Americium .	Am	243	102 Nobelium ..	No	253
96 Curium	Cm	245	103 Lawrencium	Lw	257
97 Berkelium ..	Bk	249			
98 Californium .	Cf	249			
99 Einsteinium .	Es	253			

FSC
www.fsc.org
MIX
Papier | Fördert gute Waldnutzung
FSC® C083411

Zeitfracht Medien GmbH
Ferdinand-Jühlke-Straße 7
99095 Erfurt, Deutschland
produktsicherheit@kolibri360.de